现代供水泵站工程技术

吴建华　程国旗　吴翔飞　李爱云　编著

黄河水利出版社

·郑州·

内 容 提 要

本书共分三大部分,第一部分为供水泵站基础知识,第二部分为供水泵站基础知识参考答案,第三部分为供水工程常见问答题集合。

本书可供从事泵站工程建设管理及运行的技术人员,以及有关院校农业水利、水利水电、城市给水排水等专业的研究人员、博士研究生及硕士研究生阅读和参考。

图书在版编目(CIP)数据

现代供水泵站工程技术/吴建华等编著. —郑州:黄河水利出版社,2016.8
ISBN 978 – 7 – 5509 – 1526 – 8

Ⅰ.①现…　Ⅱ.①吴…　Ⅲ.①给水排水泵 – 泵站 – 工程技术　Ⅳ.①TU991.35

中国版本图书馆 CIP 数据核字(2016)第 196260 号

组稿编辑:李洪良　电话:0371 – 66026352　E-mail:hongliang0013@163.com

出 版 社:黄河水利出版社
地址:河南省郑州市顺河路黄委会综合楼14层　邮政编码:450003
发行单位:黄河水利出版社
发行部电话:0371 – 66026940、66020550、66028024、66022620(传真)
E-mail:hhslcbs@126.com
承印单位:河南承创印务有限公司
开本:787 mm×1 092 mm　1/16
印张:8.5
字数:200 千字　　　　　　　　　印数:1—1 000
版次:2016 年 8 月第 1 版　　　　印次:2016 年 8 月第 1 次印刷

定价:30.00 元

前　言

　　能源是发展国民经济,提高人类生活水平的重要物质基础。城镇供水、农业用水泵站工程的发展每年都要消耗大量的能源,例如机电排灌年耗能占全国总用电量的5%,农业用电量的44%,农用柴油量的25%。据统计,排灌机械能耗高,浪费的能源占能源投入量的25%,按此推算,目前我国机电排灌年节能潜力为24亿~30亿kWh。泵站工程是提水排水或补给水源的水利工程,在水资源调配、跨流域引水、城市及工农业供水等方面举足轻重。截至2015年年底,全国拥有大、中、小型固定供水泵站工程近50万处,未来10~15年是我国全面建设节水型社会的关键时期,随着国民经济快速发展及对水资源需求的增加,水资源紧张局势不断加剧,开发建设大规模、高扬程供水工程已经成为不争的现实。因此,供水系统的合理规划、设计及经济运行,努力提高供水系统的工程效益和经济效益,更好地为国民经济服务,已成为供水泵站工程在规划设计、施工安装、运行管理等方面的重要课题。

　　全书分三大部分,第一部分为供水泵站基础知识,第二部分为供水泵站基础知识参考答案,第三部分为供水工程常见问答题集合。本书提出的基本原理浅显,算法简单,不需要非常高深的数学知识,短期的培训就能很快地掌握应用。编写本书的时候,我们把读者对象定为广大的机电排灌的设计和管理人员。

　　本书中部分引用了我国泵站工程有关科研单位、高等院校及设计单位的科研成果,作者在此一并致谢! 还要感谢关心和支持本书出版的太原理工大学水利学院的朋友们!

　　全书共三大部分,太原理工大学吴建华教授主审了全部内容,并完成了二万字的编写工作量,山西省漳河水利工程建设管理局程国旗高级工程师完成了六万字的编写工作量,山西省水利水电勘测设计研究院吴翔飞高级工程师完成了六万字的编写工作量,太原理工大学李爱云老师完成六万字的编写工作量,全书由吴建华教授统一定稿。

　　本书提供的全部计算例题,均在IBM-PC机上调试通过,若需要可提供软盘(含必要的运行环境),以便自学参考。

　　本书如能在我国泵站工程推广节能技术的今天,成为一块铺路之石或能够抛砖引玉,这将是本人最大的愿望。由于泵站工程集机、泵、管、传、池、电为一体,涉及水力机械、电气设备、农田水利、城市给水排水等方面,涵盖的范围及内容相当广泛,受作者知识的局限性,书中错误和遗漏之处在所难免,欢迎广大读者提出批评和建议,也可以提供你们在实际运行中的经验,以便共同学习和提高。

　　本书的出版得到2016年国家自然基金、2016年山西省国际合作项目和山西省水利科学技术2014年及2015年项目计划的资助。

作　者
2016年6月

目 录

第一部分 供水泵站基础知识

第一章 叶片泵基础知识

一、填空题

1. 水泵的主要构造件包括_____、_____、_____、_____、_____和泵轴。

2. 离心泵适用于扬程较高、流量较小的泵站;轴流泵适用于_____的泵站;混流泵适用于_____。

3. 离心泵的主要特性参数有_____、_____、_____、_____和气蚀余量等。

4. 根据叶轮对液体的作用力的不同,叶片泵可分为_____、_____和混流泵。

5. 离心泵的工作原理是:_____。

6. 常见叶片泵的叶轮形式有_____、_____、_____。

7. 轴流泵主要与离心泵不同的构件有_____、_____、_____。

8. 水泵能量损失包括_____损失、_____损失和_____损失三种。

9. 泵的运行效率等于_____与_____之积。

10. 离心泵的构造主要是由_____、泵壳、密封环、泵轴和轴承、_____等组成,其中_____对水泵的性能起决定性的作用。

11. 700ZLB - 70 表示_____。

12. 水泵的功率表达主要有_____、_____。

13. 泵按工作原理进行分类可分为_____和_____。

14. 由泵的转速、流量和扬程组成的一个综合特征数称为泵的_____。

15. 泵的输出功率称为_____。

16. 叶片泵按其叶片的弯曲形状可分为_____、_____和_____三种,而离心泵大都采用_____叶片。

二、单选题

1. 泵轴与泵壳之间的轴封装置为(　　)。

A. 压盖填料装置(填料函) B. 减漏装置

C. 承磨装置 D. 润滑装置

2. 混流泵的工作原理是介于离心泵和轴流泵之间的一种过渡形式,在工作过程中既产生离心力又产生( )。

A. 惯性力 B. 升力 C. 动力 D. 冲击力

3. 封闭式叶轮是具有两个盖板的叶轮,如单吸式叶轮、双吸式叶轮,叶轮中叶片一般有( )。

A. 2~4 片 B. 4~6 片

C. 6~8 片,多的可至 12 片 D. 13~16 片

4. 水泵是输送和提升液体的机器,是转换能量的机械,它把原动机的机械能转换为被输送液体的能量,使液体获得( )。

A. 压力和速度 B. 动能和势能

C. 流动方向的变化 D. 静扬能

5. 混流泵是利用叶轮旋转时产生的( )双重作用来工作的。

A. 速度和压力变化 B. 作用力和反作用力

C. 离心力和升力 D. 流动速度和流动方向的变化

6. 水泵铭牌上简明列出了水泵在设计转速下运转( )时的流量、扬程、轴功率及允许吸上真空高度或气蚀余量值。

A. 转速为最高 B. 流量为最大 C. 扬程为最高 D. 效率为最高

7. 性能参数中水泵的额定功率是指水泵的( )。

A. 有效功率 B. 配套功率

C. 轴功率 D. 动力机的输出功率

8. 泵壳的材料选择应考虑:介质对过流部分的( ),使泵壳具有作为耐压容器的足够机械强度。

A. 流动不稳 B. 水流速度太快

C. 腐蚀和磨损 D. 压力不稳定

9. 离心泵泵轴的要求应有足够的( ),其挠度不超过允许值;工作转速不能接近产生共振现象的临界转速。

A. 光滑度和长度 B. 抗扭强度和刚度

C. 机械强度和耐磨性 D. 抗腐蚀性

10. 轴流泵的工作是以空气动力学中机翼的( )为基础的,其叶片与机翼的叶片具有相似形状的截面。

A. 应用调节 B. 适用范围 C. 截面形状 D. 升力理论

11. 离心泵的叶片一般都制成( )。

A. 旋转抛物线 B. 扭曲面 C. 柱状 D. 球形

12. 离心泵的叶轮一般安装在水面( )。

A. 以下 B. 以上 C. 位置 D. 不一定

13. 混流泵按结构形式分为( )。

A. 立式和卧式　　　　　　　　　　B. 正向进水式与侧向进水式

C. 全调节式与半调节式　　　　　　D. 蜗壳式与导叶式

14. 泵与风机的效率是指（　　　）。

A. 泵与风机的有效功率与轴功率之比

B. 泵与风机的最大功率与轴功率之比

C. 泵与风机的轴功率与原动机功率之比

D. 泵与风机的有效功率与原动机功率之比

15. 泵与风机的主要性能参数之一的功率是指（　　　）。

A. 泵或风机的输出功率　　　　　　B. 泵或风机的输入功率

C. 配套电动机的输出功率　　　　　D. 配套电动机的输入功率

16. 关于离心泵轴向推力的大小,下列说法中不正确的是（　　　）。

A. 与叶轮前后盖板的面积有关　　　B. 与泵的级数无关

C. 与叶轮前后盖板外侧的压力分布有关　D. 与流量大小有关

17. 泵是将原动机的（　　　）的机械。

A. 机械能转换成流体能量　　　　　B. 热能转换成流体能量

C. 机械能转换成流体内能　　　　　D. 机械能转换成流体动能

18. 叶片泵在一定转数下运行时,所抽升流体的容重越大(流体的其他物理性质相同),其理论扬程（　　　）。

A. 越大　　　　　B. 越小　　　　　C. 不变　　　　　D. 不一定

三、多选题

1. 根据叶轮对液体的作用力的不同,可分为（　　　）。

A. 涡旋泵　　　　B. 离心泵　　　　C. 轴流泵　　　　D. 混流泵

2. 轴流泵流量调节方法可为（　　　）。

A. 固定式　　　　B. 半调节式　　　　C. 全调节式　　　　D. 卧式

3. 按水流进出叶轮方向分,水泵基本类型为（　　　）。

A. 污水泵　　　　B. 轴流泵　　　　C. 离心泵　　　　D. 混流泵

四、简答题

1. 泵的主要性能参数有哪几个? 它们是如何定义的?

2. 给出下列水泵型号中各符号的意义:

(1)10SH－19A　　　　(2)140ZLQ－70

3. 给出下列水泵型号中各符号的意义:

(1)有一台水泵为: 60－50－250　　　　(2)14ZLB－70

4. 离心泵、混流泵、轴流泵叶轮的进、出水水流方向有什么区别?

5. 一般情况下,泵内损失功率有哪些? 各发生在泵的哪些部位?

6. 简述叶片泵的三大泵型、各自的性能特点及作用原理。

7. 什么是流动损失? 它与哪些因素有关?

8. 简述叶片泵的主要几个零部件及作用。

9. 说明水泵轴功率、有效功率、动力机配套功率、水功率、泵内损失功率的区别及联系。

10. 水泵效率有哪三种？试述它们的物理意义。

11. 俗话说："水往低处流"，而水泵为什么使水往高处流呢？

12. 泵站实际工作中，常听到"绝对压力""相对压力""表压力""真空值"和"真空度"等名词，它们的含义和相互关系是什么？

13. 水泵扬程是不是"水泵的扬水高度"？怎样测定水泵扬程？

14. 什么叫"净扬程"和"所需净扬程"？它们和"水泵扬程"有何区别和联系？

15. 什么叫水泵"流量"和"额定流量"？怎样用简易方法计算水泵的额定流量？

16. 什么叫水泵效率？怎样提高水泵效率？

17. 离心泵的泵壳为什么要做成逐渐扩大的蜗壳形？在出口为什么还要加装一个扇形锥管？

18. 离心泵口环起什么作用？它和叶轮之间的间隙是不是越小越好？对效率有何影响？

19. 离心泵的常用轴封形式有哪几种？各有什么特点及适用条件？

20. 离心泵在启动前为什么要充水或抽气？有哪些简易的抽水方法？

21. 离心泵关阀启动，水压会不会把水泵"胀"破？

22. 离心泵在启动和停机时应注意什么问题？

23. 离心泵启动开阀后不出水是什么原因？在运行中出水突然中断或减小又是什么原因？

24. 离心泵在运行过程中为什么发生振动和噪声？怎样预防？

25. 水泵填料漏水过多、磨损快，轴承磨损和温升过高的原因是什么？

26. 对没有铭牌的离心泵怎样确定其流量、扬程和转速？

27. 水泵的"轴向推力"是怎样产生的？如何计算？如何减小和消除它的影响？

28. 什么叫水泵的"径向推力"？它有什么危害？如何消除？

29. 水中含沙量大小如何表示？含沙量对水泵工作参数有什么影响？

30. 如何选用离心泵轴承的润滑油脂？

五、计算题

1. 用水泵将水提升 30 m 高度。已知吸水池液面压力为 1.013×10^5 Pa，压出液面的压力为吸水池液面压力的 3 倍。全部流动损失 $h_w = 3$ m，水的密度 $\rho = 1\,000$ kg/m³，问泵的扬程应为多少？

2. 已知水泵供水系统的设计净扬程 $H_{ST} = 13$ m，设计流量 $Q = 360$ L/s，配用电机功率 $N_P = 75$ kW，电机效率 $\eta = 92\%$，水泵与电机采用直接传动，传动效率为 $\eta_C = 100\%$，吸水管路总的阻抗 $S_1 = 7.02$ s²/m⁵，压水管道总的阻抗 $S_2 = 17.98$ s²/m⁵，试求水泵的扬程 H、轴功率 N 和效率 η。

3. 一台双吸式离心泵抽水装置，进、出水位分别为 8.0 m 和 21.0 m。运行中水泵流量为 360 L/s，电动机与水泵直联，电动机的输入功率为 79 kW，电动机的效率为 92%，吸水管的阻力参数 $S_{AB} = 7.02 \text{ s}^2/\text{m}^5$，出水管的阻力参数 $S_{CD} = 17.98 \text{ s}^2/\text{m}^5$，求水泵的扬程、轴功率和效率。

4. 某离心泵装置的流量 468 m³/h，进水口直径为 250 mm，出水口直径为 200 mm，真空表读数为 58.7 kPa，压力表读数为 2 256 kPa，真空表测压点与压力表轴心间垂直距离为 30 m，试计算该泵的扬程。

5. 某离心泵装置，其进出水管直径 200 mm，管路全长 280 m，局部水头损失为沿程水头损失的 25%，该装置的净扬程为 30 m，管路糙率为 0.013，计算其运行流量为 150 m³/h 时的水泵扬程。

6. 如图 1-1-1 所示取水泵站，水泵由河中直接抽水输入表压为 196 kPa 的高地密闭水箱中。已知水泵流量 $Q = 160$ L/s，吸水管：直径 $D_1 = 400$ mm，管长 $l_1 = 30$ m，摩阻系数 $\lambda_1 = 0.028$；压水管：直径 $D_2 = 350$ mm，管长 $l_2 = 200$ m，摩阻系数 $\lambda_2 = 0.029$。假设吸、压水管路局部水头损失各为 1 m，水泵的效率 $\eta = 70\%$，其他标高见图 1-1-1。试计算水泵扬程 H 及轴功率 N。

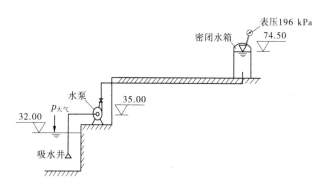

图 1-1-1 取水泵站示意图

第二章 叶片泵理论

一、填空题

1.为保证流体的流动相似,必须满足_____、_____和_____三个条件。

2.叶片泵的基本方程是_____。

3.叶片泵的性能曲线主要有_____、_____、_____、_____。

4.离心泵$Q \sim H$特性曲线上对应最高效率的点称为_____和_____。

5.相对速度和圆周速度反方向的夹角称为_____。

6.绝对速度和圆周速度之间的夹角称为_____。

7.已知SH型离水泵,其铭牌给定各参数$Q = 45$ L/s,$H = 78$ m,$n = 2\,900$ r/min,该水泵的比转速为_____。

二、单选题

1.若将一台正在运行的泵的出口阀门关死,则(   )。

A.泵的有效功率、轴功率、效率均为零

B.泵的有效功率、轴功率、效率均不为零

C.泵的有效功率为零,轴功率、效率不为零

D.泵的有效功率、效率为零,轴功率不为零

2.泵的有效功率P_e,轴功率P和原动机输入功率P_g'之间的关系为(   )。

A.$P_e < P_g' < P$ B.$P_e < P < P_g'$

C.$P < P_e < P_g'$ D.$P < P_g' < P_e$

3.运行效率是抽水装置的输出功率和泵轴抽水功率之比的百分数,它随管路损失水头或泵的扬程的增大而(   )。

A.降低   B.增大   C.不变   D.不确定

4.水泵在实际应用中,由于动能转化为压能过程中(   ),所以泵壳内水力损失越小,水泵效率越高。

A.由于操作管路不当   B.伴随有能量损失

C.时而电压不稳定   D.由于工作环境不同

5.水泵调速运行时,调速泵的转速由n_1变为n_2时,其流量Q、扬程H与转速n之间的关系符合比例律,其关系式为(   )。

A.$H_1/H_2 = (Q_1/Q_2)^2 = n_1/n_2$ B.$H_1/H_2 = Q_1/Q_2 = (n_1/n_2)^2$

C.$H_1/H_2 = (Q_1/Q_2)^2 = (n_1/n_2)^2$ D.$H_1/H_2 = Q_1/Q_2 = n_1/n_2$

6.若某泵的转速由$2\,900$ r/min 改为$1\,450$ r/min,则此泵的比转速n_s(   )。

A.将变小   B.将变大

C. 不变　　　　　　　　　　　　　　D. 变小和变大都有可能

7. 反映流量与管路中水头损失之间的关系的曲线方程 $H = H_{ST} + SQ^2$，称为（　　）方程。

  A. 流量与水头损失　　　　　　　　B. 阻力系数与流量

  C. 管路特性曲线　　　　　　　　　D. 流量与管道局部阻力

8. 水泵的几个性能参数之间的关系是在（　　）一定的情况下，其他各参数都随 Q 变化而变化，水泵厂通常用特性曲线来表示。

  A. N 功率　　　　B. H 净扬程　　　　C. η 效率　　　　D. n 转速

9. 水流从吸水管沿着泵轴的方向以绝对速度 C 进入水泵叶轮，自（　　）处流入，液体质点在进入叶轮后，就经历着一种复合圆周运动。

  A. 水泵进口　　　　B. 叶轮进口　　　　C. 吸水管进口　　　　D. 真空表进口

10. 在产品试验中，一台模型离心泵尺寸为实际泵的 1/4，并在转速 $n = 730$ r/min 时进行试验，此时量出模型泵的设计工况出水量 $Q_n = 11$ L/s，扬程 $H = 0.8$ m，如果模型泵与实际泵的效率相等。试求：实际水泵在 $n = 960$ r/min 时的设计工况流量和扬程。（　　）

  A. $Q = 1\ 040$ L/s，$H = 20.6$ m　　　　　　B. $Q = 925$ L/s，$H = 22.1$ m

  C. $Q = 840$ L/s，$H = 26.5$ m　　　　　　D. $Q = 650$ L/s，$H = 32.4$ m

11. 水泵叶轮的相似定律是基于几何相似的基础上的。凡是两台水泵满足受力相似和（　　）的条件，称为工况相似水泵。

  A. 形状相似　　　　B. 条件相似　　　　C. 水流相似　　　　D. 运动相似

12. 从对离心泵特性曲线分析中可以看出，每一台水泵都有其固定的特性曲线，这种曲线反映了该水泵本身的（　　）。

  A. 潜在工作能力　　　B. 基本构造　　　C. 基本特点　　　D. 基本工作原理

13. 从离心泵 $\eta \sim Q$ 曲线可以看出，它是一条只有极大值的曲线，它在最高效率点向两侧下降，离心泵的 $\eta \sim Q$ 曲线（　　），尤其在最高效率点最为显著。

  A. 变化较陡　　　　B. 不变化　　　　C. 变化较平缓　　　　D. 变化高低不平

14. 叶片泵基本方程与容重无关，适用于各种理想液体，即 H_t 与 γ（容重）无关。但是，容重对功率有影响，容重越大，消耗功率越大，当输送液体的容重不同而（　　），原动机所供给的功率消耗不同。

  A. 理论扬程相同时　　B. 理论扬程不同时　　C. 理论扬程大时　　D. 理论扬程小时

15. 速度三角形中速度 C_{2u} 表示叶轮出口（　　）。

  A. 径向分速度　　　B. 圆周速度　　　C. 相对速度　　　D. 切向分速度

16. 与低比转速的水泵相比，高比转速的水泵具有（　　）。

  A. 较高扬程、较小流量　　　　　　　B. 较高扬程、较大流量

  C. 较低扬程、较小流量　　　　　　　D. 较低扬程、较大流量

17. 几何形状相似的两台水泵，其运行工况（　　）。

  A. 一定相似　　　　　　　　　　　　B. 一定不相似

  C. 不一定相似　　　　　　　　　　　D. 可能相似，可能不相似

18. 两台相同型号的水泵对称并联工作时每台泵的扬程为 H_I（$= H_{II}$），当一台停车

只剩一台水泵运行时的扬程为 H,若管路性能曲线近似不变,则有（   ）。

  A. $H_1 > H$ B. $H_1 < H$ C. $H_1 = H$ D. 不一定

19. 叶片泵在一定转数下运行时,所抽升流体的容重越大(流体的其它物理性质相同),其轴功率（   ）。

  A. 越大   B. 越小   C. 不变   D. 不一定

20. 定速运行水泵从水源向高水池供水,当高水池水位不变而水源水位逐渐升高时,水泵的流量（   ）。

  A. 逐渐减小   B. 逐渐增大   C. 保持不变   D. 不一定

21. 离心泵的比转速 n_s 与容积损失 V 的关系是（   ）。

  A. n_s 增大时,V 也增大   B. n_s 增大时,V 减小

  C. n_s 变化时,V 不变   D. n_s 增大时,V 增大或减小都有可能

22. 泵在不同工况下有不同的比转速,作为相似准则的比转速是指（   ）。

  A. 最大流量工况下的比转速   B. 最高转速工况下的比转速

  C. 最高效率工况下的比转速   D. 最高扬程工况下的比转速

23. 泵空载时,$q_v = 0$ 对应的（   ）。

  A. 轴功率 $P = 0$ B. 有效功率 $P_e = 0$

  C. 容积损失功率 $\Delta P_v = 0$ D. 机械损失功率 $\Delta P_m = 0$

24. 对于离心泵,当叶轮旋转时,流体质点在离心力的作用下,流体从叶轮中心被甩向叶轮外缘,于是叶轮中心形成（   ）。

  A. 压力最大   B. 真空   C. 容积损失最大   D. 流动损失最大

25. 当泵启动运行正常后,根据装在（   ）的测量仪表的压力读数,可以计算出泵的扬程。

  A. 吸水池和压水池的液面处   B. 泵的入口处（唯一）

  C. 泵的出口处（唯一）   D. 泵的入口和出口处

26. 下列说法中正确的是（   ）。

  A. 比转速比较低时,$q_v \sim H$ 性能曲线平坦

  B. 比转速比较低时,$q_v \sim P$ 性能曲线平坦

  C. 比转速比较高时,$q_v \sim \eta$ 性能曲线平坦

  D. 以上说法都不正确

27. 同一台泵用于输送密度分别为 ρ_1 和 ρ_2 的液体时,保持转速不变且流动相似,其对应的扬程分别是 H_1 和 H_2,对应的轴功率分别为 P_1 和 P_2,若 $\rho_1 > \rho_2$,则下列关系式中正确的是（   ）。

  A. $H_1 > H_2$ $P_1 = P_2$ B. $H_1 = H_2$ $P_1 > P_2$

  C. $H_1 > H_2$ $P_1 > P_2$ D. $H_1 = H_2$ $P_1 = P_2$

28. 关于冲击损失,下列说法中正确的是（   ）。

  A. 当流量小于设计流量时,无冲击损失

  B. 当流量大于设计流量时,冲击发生在工作面上

  C. 当流量小于设计流量时,冲击发生在非工作面上

D. 当流量小于设计流量时,冲击发生在工作面上

29. 工况相似条件下泵间的流量关系式为( )。

A. $\dfrac{Q_1}{Q_2} = \dfrac{n_1}{n_2}$

B. $\dfrac{Q_1}{Q_2} = \left(\dfrac{n_1}{n_2}\right)^2$

C. $\dfrac{Q_1}{Q_2} = \left(\dfrac{n_1}{n_2}\right)^3$

D. $\dfrac{Q_1}{Q_2} = \dfrac{n_2}{n_1}$

30. 离心式泵在定转速下运行时,为了避免启动电流过大,通常在( )。

A. 阀门稍稍开启的情况下启动 　　　B. 阀门半开的情况下启动

C. 阀门全关的情况下启动 　　　　　D. 阀门全开的情况下启动

31. 水泵叶轮后弯式叶片:当 b_1 和 b_2 均小于90°时,为叶片与旋转方向呈( )叶片。

A. 径向式 　　　B. 前弯式 　　　C. 水平式 　　　D. 后弯式

三、多选题

1. 关于比转速,下列说法正确的是( )。

A. 比转速是泵的一个子转速,是反映水泵几何特性和工作特性的综合参数

B. 计算比转速时转速、扬程为水泵的额定值

C. 比转速相等是水泵几何相似的必要非充分条件

D. 流量大时,扬程低的泵比转速就高,反之比转速就低

2. 反映泵的相似特性的条件的有( )。

A. 几何相似 　　　B. 运动相似 　　　C. 动力相似 　　　D. 工况相似

3. 欧拉方程成立的前提假设是( )。

A. 液流为恒定流

B. 泵的叶轮由无限多薄的叶片组成

C. 叶轮半径相等处液流同名速度相等

D. 液流为理想液体

4. 在水泵基本特性曲线中的四条曲线中( )。

A. $Q \sim \eta$ 曲线为一条上升—下降曲线

B. $Q \sim H$ 曲线为一条下降曲线

C. $Q \sim N$ 曲线为一条下降曲线

D. $Q \sim H_{需}$ 曲线与 $Q \sim H$ 曲线的交点为水泵工作点

5. 下列水泵的比转速应该属于离心泵的是( )。

A. 35 　　　B. 85 　　　C. 350 　　　D. 850

四、简答题

1. 画图说明管路性能曲线的意义是什么?

2. 试述比转速 n_s 的物理意义和实用意义。如何计算?

3. 离心泵运行时的扬程如何计算?

4.试从能量角度,对后弯式、径向式及前弯式三种不同形式叶片产生的动能大小进行分析比较。为什么离心式叶轮均采用后弯式叶片？试说明其原理。

5.为什么离心式水泵要关阀启动,而轴流式水泵要开阀启动?

6.简述液体在水泵叶轮内的运动情况,怎样计算确定叶轮进出口速度三角形?

7.分析说明叶片泵基本方程式的物理意义。

8.分析说明位于吸水面上方的叶片泵启动前必须充满水的原因。

9.什么是基本性能曲线、相对性能曲线、通用性能曲线、综合性能曲线、全面性能曲线? 如何绘制这些曲线?

10.水泵的相似率的概念是什么? 它有什么用途?

11.同一水泵,当转速不同于设计转速时,它的比转速会改变吗? 为什么?

12.比转速相同的水泵,叶轮一定相似吗?

13.叶片泵的转速发生改变后,性能曲线是否发生改变? 变化的趋势如何?

14.什么是比转速? 如何计算? 为什么用它可以对水泵进行分类?

五、计算题

1.已知某12SH 型离心泵的额定参数为 $Q = 730 \ \text{m}^3/\text{h}$, $H = 10 \ \text{m}$, $n = 1\ 450 \ \text{r/min}$ 。试计算其比转数。

2.已知某多级式离心泵的额定参数为流量 $Q = 25.81 \ \text{m}^3/\text{h}$,扬程 $H = 480 \ \text{m}$,级数为10级,转速 $n = 2\ 950 \ \text{r/min}$ 。试计算其比转数 n_s 。

3.某单吸离心式水泵在转速 $n = 2\ 950 \ \text{r/min}$ 时,其设计参数为:扬程128 m ,流量72 m^3/h ,效率为85% ,为满足该特性要求,拟采用比转速 $n_s = 75 \sim 100$ 的多级泵。试计算所需叶轮的级数,若水的密度 $\rho = 1\ 000 \ \text{kg/m}^3$,求泵的轴功率。

4.某水泵的转速 $n = 1\ 250 \ \text{r/min}$, 流量 $q_v = 10 \ \text{L/s}$,扬程 $H = 80 \ \text{m}$ 。今有一台与它相似的水泵,其转速为1 450 r/min,流量为12 L/s ,求这台水泵的扬程及有效功率。(水的密度 $\rho = 1\ 000 \ \text{kg/m}^3$)

5.有一台离心式水泵,转速 $n = 1\ 480 \ \text{r/min}$, 流量 $q_v = 110 \ \text{L/s}$,叶轮进口直径 $D_1 = 220 \ \text{mm}$, 叶片进口宽度 $b_1 = 45 \ \text{mm}$,叶轮出口直径 $D_2 = 400 \ \text{mm}$,叶片出口安装角 $\beta_{2e} = 45°$,叶轮进出口的轴面速度相等。设流体沿径向流入叶轮,求无限多叶片叶轮的理论扬程 $H_{t\infty}$ 。

第三章　叶片泵工况的确定

一、填空题

1. 同一轮系的泵,如果水流在泵中的运动状态和受力状态相似,称为工况相似,通常的相似条件包括几何相似、_____和_____三种。

2. 工作点是根据_____曲线与_____曲线来确定的。

3. 水力过渡过程中的三个阶段为_____、_____、_____。

二、单选题

1. 在工作点处,泵提供给流体的能量与流体在管路系统中流动所需的能量关系为(　　)。

　　A. 泵提供的能量大于流体在管路系统中流动所需的能量

　　B. 泵提供的能量小于流体在管路系统中流动所需的能量

　　C. 泵提供的能量等于流体在管路系统中流动所需的能量

　　D. 以上说法都不正确

2. 已知:某离心泵 $n_1 = 960$ r/min 时 $(H \sim Q)_1$ 曲线上工况点 $a_1(H_1 = 38.2$ m、$Q_1 = 42$ L/s),转速由 n_1 调整到 n_2 后,工况点为 $a_2(H = 21.5$ m、$Q_2 = 31.5$ L/s),求 $n_2 = ($　　$)$。

　　A. 680 r/min　　　B. 720 r/min　　　C. 780 r/min　　　D. 820 r/min

3. 从图解法求的离心泵装置的工况点来看,如果水泵装置在运行中管道上所有闸门全开,那么水泵的特性曲线与管路的特性曲线相交的点 M 就称为该装置的(　　)。

　　A. 极限工况点　　　B. 平衡工况点　　　C. 相对工况点　　　D. 联合工况点

4. 泵运行时的实际流量大于泵的设计流量时,其允许吸上真空高度 $[H_s]$ 值(　　)。

　　A. 将比设计工况点的 $[H_s]$ 值大

　　B. 将比设计工况点的 $[H_s]$ 值小

　　C. 将与设计工况点的 $[H_s]$ 值相等

　　D. 将比设计工况点的 $[H_s]$ 值可能大,也可能小

5. 两台泵并联运行时,为提高并联后增加流量的效果,下列说法中正确的是 (　　)。

　　A. 管路特性曲线应平坦一些,泵的性能曲线应陡一些

　　B. 管路特性曲线应平坦一些,泵的性能曲线应平坦一些

　　C. 管路特性曲线应陡一些,泵的性能曲线应陡一些

　　D. 管路特性曲线应陡一些,泵的性能曲线应平坦一些

6. 两台不同型号的水泵串联工作,串联泵的设计流量应是接近的,否则就不能保证两台泵在高效率下运行,有可能引起较小泵产生超负荷,容量大的泵(　　)。

　　A. 不能发挥作用　　B. 转速过低　　　C. 流量过大　　　D. 扬程太低

7. 两台同型号的水泵在外界条件相同的情况下并联工作,并联后在并联工况点的出水量比一台泵工作时出水量(　　)。

  A. 成倍增加　 B. 增加幅度不明显

  C. 大幅度增加,但不是成倍增加　 D. 不增加

8. 两台泵串联运行时,为提高串联后增加扬程的效果,下列说法中正确的是(　　)。

  A. 管路特性曲线应平坦一些,泵的性能曲线应陡一些

  B. 管路特性曲线应平坦一些,泵的性能曲线应平坦一些

  C. 管路特性曲线应陡一些,泵的性能曲线应陡一些

  D. 管路特性曲线应陡一些,泵的性能曲线应平坦一些

9. 两台同性能泵并联运行,并联工作点的参数为 $q_{v并}$、$H_并$。若管路特性曲线不变,改为其中一台泵单独运行,其工作点参数为 $q_{v单}$、$H_单$,则并联工作点参数与单台泵运行工作点参数关系为(　　)。

  A. $q_{v并}=2q_{v单}$,$H_并=H_单$　 B. $q_{v并}<2q_{v单}$,$H_并>H_单$

  C. $q_{v并}<2q_{v单}$,$H_并=H_单$　 D. $q_{v并}=2q_{v单}$,$H_并>H_单$

10. 两台泵串联运行,下列说法中正确的是(　　)。

  A. 串联后的总流量等于串联时各泵输出的流量之和,串联后的总扬程等于串联运行时各泵的扬程之和

  B. 串联后的总流量与串联时各泵输出的流量相等,串联后的总扬程等于串联运行时各泵的扬程之和

  C. 串联后的总流量与串联时各泵输出的流量相等,串联后的总扬程小于串联运行时各泵的扬程之和

  D. 串联后的总流量与串联时各泵输出的流量相等,串联后的总扬程大于串联运行时各泵的扬程之和

三、多选题

1. 泵的不稳定运行,是由以下哪些条件引起的(　　)发生工作点的漂移。

  A. 水流变化　 B. 水位变化　 C. 转速变化　 D. 振动

四、简答题

1. 什么是水泵的设计工况、最佳工况和一般工况?

2. 水泵的工作点是如何确定的?

3. 水泵的设计情况和工作情况有何不同? 当工作情况不同于设计情况时,效率为什么会降低?

4. 全性能曲线包括哪几个工况? 如何判别它们?

5. 水泵运行工作点随哪些因素而改变? 如何变化?

6. 在什么条件下需要两台或两台以上的水泵串联运行?

7. 用图解法如何确定两台同型号泵并联运行的工作点?

8. 什么是水泵运行的工作点? 它与设计点有何区别?

五、计算题

1.已知水泵的转速 $n_1 = 950$ r/min,其 $Q \sim H$ 曲线高效段方程 $H = 45.833 - 4583.333Q^2$,管道系统特性曲线为 $H = 10 + 17500Q^2$,试求:

(1)水泵装置的工况点。

(2)水泵所需的工况点为 $Q = 0.028$ m³/s, $H = 23.1$ m,求转速 n_2。

(3)转速为 n_2 时的 $Q \sim H$ 曲线。

2.某单级双吸水泵的比转速 $n_s = 116$,设计工况点参数为流量 $q_v = 18\,000$ m³/h ,转速 $n = 730$ r/min ,求设计工况下的扬程。

3.某提水泵站有一台 12SH–9 型离心泵装置,高效区范围附近的性能参数如表 1-3-1 所示,进水池水位为 102 m,出水池水位为 122 m,进水管阻力参数为 8.51 s²/m⁵,出水管阻力参数为 62.21 s²/m⁵,求水泵的工作参数。

表 1-3-1　离心泵高效区范围附近的性能参数

流量 Q(L/s)	150	175	200	225	250	275
扬程 H(m)	24.3	23.8	22.5	21.0	18.8	15.8
功率 P(kW)	52	53	54.2	54.9	55.0	54.8
效率 η(%)	68.8	77.1	81.5	84.4	83.8	77.8

4.有一台水泵,设计工况点参数为流量 $q_{v1} = 38$ m³/min ,扬程 $H_1 = 80$ m 水柱高,转速 $n_1 = 1\,450$ r/min ,另有一台水泵与该泵相似,其设计工况点参数为:流量 $q_{v2} = 10$ m³/min ,转速 $n_2 = 2\,900$ r/min ,问其扬程 H_2 为多少?

5.已知某变径运行水泵装置的管道系统特性曲线 $H = 30 + 3\,500Q^2$ 和水泵在转速为 $D_2 = 300$ mm 时的 $Q \sim H$ 曲线如图 1-3-1 所示。试图解计算:

(1)该抽水装置工况点的 Q_1 与 H_1 值。

(2)若保持静扬程不变,流量下降 10% 时其直径 D_2' 应降为多少?(要求详细写出图解步骤,列出计算表,画出相应的曲线,计算结果不修正)

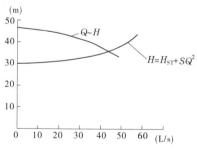

图 1-3-1

第四章　叶片泵工作状况的调节

一、填空题

1. 水泵运行工作点的调节方法有_____、_____、_____、_____、_____等五种。

2. 离心泵装置工况点可用切削叶轮的方法来改变,但前提是_____。

二、单选题

1. 离心泵装置最常见的调节是用闸阀来调节,也就是用水泵的出水闸阀的开启度进行调节。关小闸阀管道局部阻力 S 值,使(　　),出水量逐渐减小。

 A. 管道特性曲线变陡   B. 水泵特性曲线变陡

 C. 相似抛物线变陡   D. 效率曲线变陡

2. 根据切削律知道,凡满足切削律的任何工况点,都分布在 $H = KQ^2$ 抛物线上,此线称为切削抛物线。实践证明,在切削限度内,叶轮切削前后水泵效率变化不大,因此切削抛物线也称为(　　)。

 A. 等效率曲线   B. 管路特性曲线   C. 水泵效率曲线   D. 叶轮变径曲线

3. 离心泵装置用闸阀来调节要注意的是,关小闸阀增加的扬程都消耗在(　　)上了,只是增加了损失,不能增加静扬程,而在设计时尽量不采用这种方式。

 A. 管路   B. 水泵出口   C. 阀门   D. 吸水管路

4. 低比转数的离心泵的叶轮外径由 D_1 切削至 D_2 时,其流量 Q、扬程 H 与叶轮外径 D 之间的变化规律是切削律,其关系为(　　)。

 A. $\dfrac{H_1}{H_2} = \dfrac{Q_1}{Q_2} = \left(\dfrac{D_1}{D_2}\right)^2$ B. $\dfrac{H_1}{H_2} = \left(\dfrac{Q_1}{Q_2}\right)^2 = \left(\dfrac{D_1}{D_2}\right)^2$

 C. $\left(\dfrac{H_1}{H_2}\right)^2 = \dfrac{Q_1}{Q_2} = \left(\dfrac{D_1}{D_2}\right)^2$ D. $\dfrac{H_1}{H_2} = \dfrac{Q_1}{Q_2} = \dfrac{D_1}{D_2}$

5. 某台离心泵装置的运行功率为 N,采用变阀调节后流量减小,其功率由 N 变为 N',则调节前后的功率关系为(　　)。

 A. $N' < N$ B. $N' = N$ C. $N' > N$ D. $N' \geqslant N$

6. 对一台 $q_v \sim H$ 曲线无不稳区的离心泵,通过在泵的出口端安装阀门进行节流调节,当将阀门的开度关小时,泵的流量 q_v 和扬程 H 的变化为(　　)。

 A. q_v 与 H 均减小   B. q_v 与 H 均增大

 C. q_v 减小,H 升高   D. q_v 增大,H 降低

7. 固定式轴流泵只能采用(　　)。

 A. 变径调节   B. 变角调节   C. 变速调节   D. 变阀调节

三、简答题

1. 试述常用的变速调节方式及其优缺点。

2. 什么叫水泵的工况调节？调节的目的是什么？

3. 简要列举至少四种泵运行工作点的调节原理。

四、计算题

1. 一台双吸式离心泵抽水装置，进、出水位分别为 6.0 m 和 20.0 m。运行中水泵流量为 360 L/s，电动机与水泵直联，电动机的输入功率为 79 kW，电动机的效率为 92%，吸水管阻力参数 $S_{AB} = 6.173$ s^2/m^5，出水管的阻力参数 $S_{CD} = 17.98$ s^2/m^5。

（1）求水泵的扬程、轴功率和水泵的效率。

（2）原叶轮直径 D_0 为 268 mm，现将此泵叶轮车削成 $D_{0a} = 250$ mm，若认为此泵效率不变，求车削后泵设计点的轴功率为多少？

2. 某高比转速的离心泵在叶轮直径 $D = 268$ mm 时最佳工况点的参数为：$q_v = 79$ L/s，$H = 18$ m，$P = 16.6$ kW，$\eta = 84\%$，$n = 1\ 450$ r/min。现若将其叶轮车削为 250 mm，假设其效率不变，试求其车削后最佳工况点的参数各为多少？

第五章 叶片泵汽蚀及安装高程的确定

一、填空题

1. 汽蚀余量是泵进口处单位水量所具有的_____与_____之差。
2. 泵进口处单位水量所具有的总水头与相应的汽化压力水头之差称为_____。
3. 当水泵站其他吸水条件不变时,随当地海拔的增高,水泵的允许安装高度_____。
4. 水泵的汽蚀危害有_____、_____、_____。
5. 水泵的必需汽蚀余量越大,表明水泵的抗汽蚀性能越_____。因此,为了使水泵不发生汽蚀,必须使必需汽蚀余量_____装置汽蚀余量。

二、单选题

1. 当水泵站其他吸水条件不变时,随输送水温的增高,水泵的允许安装高度(　　)。
   A. 将增大　　　　　B. 将减小　　　　　C. 保持不变　　　　　D. 不一定
2. 提高泵的转速后,其必需汽蚀余量(　　)。
   A. 将升高　　　　　　　　　　B. 将降低
   C. 不变　　　　　　　　　　　D. 可能升高,也可能降低
3. 为了保证泵内不发生汽蚀,根据实际经验人为规定的汽蚀余量称为(　　)。
   A. 有效汽蚀余量　　B. 必须汽蚀余量　　C. 需要汽蚀余量　　D. 允许汽蚀余量
4. 对于给定的泵,在给定的转速和流量下,泵内压力最低的地方为(　　)。
   A. 泵进口处　　　　　　　　　B. 叶轮进口叶片端部背面
   C. 叶轮出口叶片端部背面　　　D. 叶轮出口叶片端部正面
5. 下面说法正确的是(　　)。
   A. $(NPSH)_r$ 越大,泵的抗蚀性能越强
   B. 泵内不发生汽蚀的必要条件是 $(NPSH)_a > (NPSH)_r$
   C. 当流量一定时,$(NPSH)_a$ 是不变的,而 $(NPSH)_r$ 是随吸水装置的条件而变化的
   D. 泵在运行时不产生汽蚀的条件是 $(NPSH)_{cr} \geqslant (NPSH)_a$
6. 水泵汽蚀余量(H_{sv})是指在水泵进口处单位重量液体所具有的超过该工作温度时汽化压力的(　　),用米水柱表示。
   A. 吸水高度　　　　B. 富余能量　　　　C. 饱和蒸汽压力　　　D. 水的温度差
7. 水泵气穴和汽蚀的危害主要是,产生噪声和振动,(　　),引起材料的破坏,缩短水泵使用寿命。
   A. 性能下降　　　　B. 转速降低　　　　C. 流量不稳　　　　D. 轴功率增加
8. 叶片泵的基本性能参数允许吸上真空高度(H_s),是指水泵在标准状况下(即水温

为 20 ℃, 表面压力为一个标准大气压)运转时, 水泵所允许的最大的吸上真空高度, 它反映了(   )。

    A. 离心泵叶轮的进水口性能   B. 离心泵的吸水管路大小

    C. 离心泵的进水口位置   D. 离心泵的吸水性能

9. 定速运行水泵从水源向高水池供水, 当水源水位不变而高水池水位逐渐升高时, 水泵的流量(   )。

    A. 保持不变   B. 逐渐减小   C. 逐渐增大   D. 不一定

10. 在确定水泵和安装高程时, 利用水泵允许吸上真空高度 H_s, 此 H_s 为水泵进口真空表 H_V 的最大极限值, 在实用中水泵的(   )值时, 就意味水泵有可能产生汽蚀。

    A. $H_V = H_s$ B. $H_V < H_s$ C. $H_V > H_s$ D. $H_V \neq H_s$

11. 泵的允许吸上真空高度 $[H_s]$ 与泵输送水温度的关系是(   )。

    A. 当水温升高时, $[H_s]$ 也升高

    B. 当水温升高时, $[H_s]$ 降低

    C. 当水温变化时, $[H_s]$ 不变

    D. 当水温升高时, $[H_s]$ 可能升高亦可能降低

12. 为了提高有效汽蚀余量, 下列说法中正确的是 (   )。

    A. 降低泵的几何安装高度   B. 增加首级叶轮入口直径

    C. 装置诱导轮   D. 降低泵的转速

13. 当水泵站其他吸水条件不变时, 随当地海拔的增高, 水泵的允许安装高度(   )。

    A. 将下降   B. 将提高   C. 保持不变   D. 不一定

14. 单位重量的液体从泵的吸入口到叶片入口压力最低处的总压降称为 (   )。

    A. 流动损失   B. 必需汽蚀余量   C. 有效汽蚀余量   D. 摩擦损失

15. 下列哪个参数与泵的有效汽蚀余量无关(   )。

    A. 泵的几何安装高度   B. 流体温度

    C. 流体压力   D. 泵的转速

16. 水泵叶轮中最低压力 P_k, 如果降低到被抽升液体工作温度下的饱和蒸汽压力(也就是汽化压力) P_{va} 时, 泵内液体即发生气穴, 由于气穴产生的这种效应称为(   )。

    A. 汽化   B. 真空   C. 沸腾现象   D. 汽蚀

三、多选题

1. 根据泵内发生汽蚀的原因, 汽蚀类型可以分为(   )。

    A. 叶面汽蚀   B. 间隙汽蚀   C. 粗糙汽蚀   D. 降压汽蚀

2. 提高泵抗汽蚀性能的措施有(   )。

    A. 选择适宜的进水部分几何形状和参数   B. 采用双吸式或降低转速

    C. 加设诱导轮、制造超汽蚀   D. 选用抗汽蚀性较强的材料

3. 关于汽蚀的成因, 下列说法中正确的有(   )。

    A. 水泵安装过高, 使叶片背面发生汽蚀

B. 水泵流量大于设计流量,使叶片正面发生汽蚀

C. 流量小于设计流量,使叶片背面发生汽蚀

D. 泵内水流通过突然变窄的间隙时,会发生汽蚀

4. 汽蚀的危害有( )。

A. 使水泵性能恶化 　　　　　　B. 使管内气压升高,发生爆管

C. 损坏过流部件 　　　　　　　D. 振动和噪声

5. 影响水泵安装高程的因素有( )

A. 水泵的特性 　　　　　　　　B. 进水管路的布置

C. 水泵的安装地点 　　　　　　D. 被抽水流的含泥量

四、简答题

1. 什么是水泵的汽蚀现象? 汽蚀的实质是什么?

2. 阐述水泵发生汽蚀的危害。

3. 提高泵抗汽蚀性能的措施有哪些?

4. 为什么说相似的水泵尺寸越大,抗汽蚀性能越差?

5. 什么叫汽蚀余量、有效汽蚀余量、必需汽蚀余量、临界汽蚀余量、允许汽蚀余量? 用公式表明它们的物理意义,为保证泵工作时不发生汽蚀,有效汽蚀余量和必需汽蚀余量两者应满足什么条件?

6. 吸上真空度、临界吸上真空度、允许吸上真空度的意义是什么? 如何计算?

7. 样本上绘出的水泵允许吸上真空高度是在什么条件下的数值? 如果吸水条件(高程、水温、转速)改变,应怎样修正?

8. 分析说明允许汽蚀余量与允许吸上真空高度之间的关系,如何进行两者之间的换算?

9. 汽蚀比转速为何可以用于判别不同水泵抗汽蚀性能的好坏?

10. 什么是水泵的安装高程、安装高度?

11. 影响水泵吸水高度的因素有哪些? 如何确定水泵的安装高程?

五、计算题

1. 已知某水泵的允许安装高度 $[H_g] = 6 \text{ m}$,允许汽蚀余量 $[\Delta h] = 2.5 \text{ m}$,吸入管路的阻力损失 $h_w = 0.4 \text{ m}$,输送水的温度为 25 ℃,问吸入液面上的压力至少为多少?

2. 12SH - 19A 型离心水泵,设计流量为 $Q = 220 \text{ L/s}$,在水泵样本中查得相应流量下的允许吸上真空高度 $[H_s] = 4.5 \text{ m}$,水泵吸水口直径为 $D = 300 \text{ mm}$,吸水管总水头损失 $\sum h_s = 1.0 \text{ m}$,当地海拔高度为 1 000 m,水温为 40 ℃,试计算最大安装高度 H_g。(海拔 1 000 m 时的大气压 $h_a = 9.2 \text{ m}$ 水柱高,水温 40 ℃ 时的汽化压强为 $h_{va} = 0.75 \text{ m}$ 水柱高)

3. 在沿海地区某灌溉泵站,选用 14HB - 40 型水泵,其铭牌参数如下:流量780 m^3/h,扬程6.0 m,转速 980 r/min,允许吸上真空高度6.0 m。设计中使用直径为 450 mm 的铸铁管做进水管,长度为 11.0 m,选用无底阀滤网、45°弯头、偏心渐缩接管等附件各 1 个。若管路阻力参数 $S = 18 \text{ s}^2/\text{m}^5$,试计算该泵的安装高度。

4. 设泵出口附近压水管上的压力计的读数为 260 kPa。泵进口附近吸水管上真空计读数为 250 mm 汞柱。位于水泵中心线以上的压力计与联结点在水泵中心以下的真空计之间的标高差 $\Delta Z = 0.6$ m，离心泵的总效率 $\eta = 0.62$，吸入管与压出管直径相同（水的密度 $\rho = 1\,000$ kg/m³），试求运行流量 $q_v = 500$ m³/h 时离心泵所需的轴功率。

第六章　水泵的选型与配套

一、填空题

1.电动机的选择根据_____、_____、_____、_____等条件确定采用电动机的类型、容量、电压和转速等。

二、单选题

1.水泵的多少,对泵站有很大的影响。一般水泵台数以(　　)台为宜。
A.4～8　　　　　　B.3～6　　　　　　C.6～8　　　　　　D.5～10

2.水泵机组布置时,机组至墙壁间的静距,在流量不大于500 L/s时,小于0.7 m;在流量大于1 000 L/s时,不小于(　　)m。
A.2.2　　　　　　B.2.0　　　　　　C.1.8　　　　　　D.1.2

3.两台不同型号的离心泵串联工作时,流量大的泵必须放第一级,向流量小的水泵供水,主要是防止(　　)。但串联在后面的水泵必须坚固,否则会引起破坏。
A.超负荷　　　　B.汽蚀　　　　　C.转速太快　　　　D.安装高度不够

三、简答题

1.水泵选型的原则有哪些?

第七章　泵站进出水建筑物

一、填空题

1. 泵站工程出水池类型,根据出水管出流方式可分为_____、_____和虹吸式出流出水池。
2. 根据水流方向可将前池分为_____前池和_____前池。
3. 连接引水渠和进水池的建筑物是_____。

二、多选题

1. 为改善前池水流条件,可以采取以下措施(　　　)。
   A. 池中增设隔墩　　　　　　　　B. 前池设置底坎和立柱
   C. 改变前池底坡和断面尺寸　　　D. 前池翼墙采用曲线型

三、简答题

1. 进水池中有哪几种漩涡? 它们是怎么形成的? 对水泵性能有何影响?
2. 试比较自由式、淹没式及虹吸式三种管口出流方式的优缺点。

第八章　泵站管道工程

一、填空题

1. 确定经济管径常用_____和_____方法。
2. 出水管按铺设方式分为_____和_____。转弯处必须设_____。
3. 压力管道的布置形式有_____、_____。

二、简答题

1. 管道线路的选择应遵循的原则是什么？
2. 何谓管路效率？怎样提高管路效率？
3. 压力管道的选线原则是什么？
4. 什么是管路阻力曲线？影响它的因素有哪些？
5. 装置需要扬程曲线包括哪两部分？如何绘出？当水泵出水管路上的阀门开度变小至关死时,装置性能曲线如何变化？

第九章　泵站水锤及防护措施

一、填空题

1. 水力过渡过程中的三个阶段为_____、_____、_____。
2. 泵站水锤有_____、_____、关阀水锤三种。

二、单选题

1. 在大型水泵机组中,由于底阀带来较大的水力损失,从而多消耗电能,加之底阀容易发生故障,所以一般泵站的水泵常常采用(　　)启动。

    A. 真空泵来抽真空　B. 灌水方法　　　　　C. 人工　　　　　　　D. 快速启动法

2. 上凸管处危害最大的水击是(　　)。

    A. 启动水击　　　　　B. 关阀水击　　　　　C. 正水击　　　　　　D. 负水击

三、简答题

1. 详细论述停泵水锤的产生机制(分水泵工况、制动工况和水轮机工况三个过程),以及防护水锤的措施。
2. 试描述停泵水锤过程中的三个工况。
3. 事故停泵产生水锤的主要因素有哪些? 适用于泵站出水管道水锤防护的措施有哪些?

第二部分　供水泵站基础知识参考答案

第一章　叶片泵基础知识参考答案

一、填空题

1. 叶轮,轴承,密封环,填料函,泵壳

2. 扬程较小,流量较大;介于离心泵和轴流泵之间

3. 流量,扬程,功率,效率,转速

4. 离心泵,轴流泵

5. 利用装有叶片的叶轮高速旋转所产生的离心力来工作

6. 闭式,半开式,开式

7. 进水喇叭管,导叶体,出水弯管

8. 容积,机械,水力

9. 水泵效率,管路效率

10. 叶轮;填料函;叶轮

11. 出水口径 700 mm,比转速为 700 的立式半调节叶片轴流泵

12. 输出功率,轴功率

13. 动力式泵,挤压式泵

14. 比转速

15. 有效功率

16. 后弯式,前弯式,径向式;后弯式

二、单选题

1. A;2. B;3. C;4. B;5. C;6. D;7. A;8. C;9. B;10. D;11. B;12. B;13. A;14. A;15. B;16. A;17. D;18. B

三、多选题

1. BCD;2. ABC;3. BCD

四、简答题

1.答:(1)流量 Q:单位时间内进入水泵的水量。

(2)扬程 H:单位重量的水进出口能量之差。

(3)功率 N:单位时间内对水流所做的功。

(4)效率 η:有效功率与轴功率的比值。

(5)转速 n:单位时间内叶轮转过的圈数。

(6)汽蚀余量 $NPSH$:泵进口处的水流除压力水头要高于汽化压力水头外,水流的总水头应比汽化压力水头有多少富余,才能保证泵内不发生汽蚀,我们把这个水头富余量称为汽蚀余量。

2.答:(1)10—吸入口径 10 in,SH—单级双吸卧式离心泵,19—泵的比转速为190,A—缩小了外径的叶轮。

(2)140—出水口径 140 mm,ZLQ—立式全调节叶片轴流泵,70—泵的比转速为700。

3.答:(1)60—水泵的进口直径,单位 mm;50—水泵的出口直径,单位 mm;250—叶轮标称直径,单位 mm。

(2)14—水泵的出口直径,单位 in;Z—轴流泵;L—立式;B—半调节;70—泵的比转速为700。

4.答:离心泵:轴向进水,径向出水;

轴流泵:轴向进水,轴向出水;

混流泵:斜向进水,斜向出水。

5.答:泵内损失有容积损失、机械损失、水力损失。

容积损失一般发生在泵壳和密封环之间的缝隙,叶轮后轮盘的平衡孔流回叶轮进口以及叶轮后填料处。

机械损失发生在泵轴摩擦处,填料摩擦处以及叶轮前后轮盘旋转时和水的摩擦处。

水力损失发生在从泵入口至出口过流部分的沿程水力损失、流道断面和方向变化而产生的局部水力阻力、水流在叶轮入口及出口处的撞击涡流损失。

6.答:(1)离心泵:靠叶轮旋转形成的惯性离心力而工作的泵。由于其扬程较高,流量范围广,在实际中获得广泛应用。

(2)轴流泵:靠叶轮旋转产生的轴向推力而扬水的泵。其扬水高度低(一般在 10 m以下),但是出水流量大,故多用于低扬程、大流量的泵站。

(3)混流泵:叶轮旋转既产生惯性离心力又产生推力而扬水的泵。其适用范围介于离心泵和轴流泵之间。

7.答:流体在泵内流动时,由于存在流动阻力,需要消耗一部分能量,这部分消耗的能量就称为流动损失。流动损失主要由摩擦损失、扩散损失和冲击损失等三部分组成。摩擦损失与流体的黏性、流道的形状、壁面的粗糙程度及流体的流动速度等因素有关。扩散损失与流体流动过程中的转弯及流道过流断面的变化状况有关。冲击损失则主要发生在叶片的进口处,在非设计工况下,流量发生变化导致 $\beta_1 \neq \beta_{1e}$,会产生冲击损失。

8.答:叶片泵的六个主零部件:泵壳、叶轮、泵轴、轴承、密封环和填料环。

泵壳:汇集叶轮甩出的水流并借助其过水断面的不断增大以保持蜗壳中水流速度基本不变。

叶轮:叶轮高速旋转,将水流甩出,经过甩出的水流作用在叶轮前后轮盘上的压力很大,因此在叶轮前后形成了压力差。

泵轴:连接设备。

轴承:用以支承转动部分的重量和承受泵在运转中产生的轴向力和径向力并减小泵轴转动的摩阻力。

密封环:防止叶轮甩出的高速水通过泵体和叶轮进口外边缘之间的缝隙漏回到叶轮的进水侧。

填料环:为防止泵内水从此处外泄或泵内进气。

9. 答:由动力机通过传动设备传给水泵轴上的功率称为泵轴功率,$N_轴 = N_传轴 - \Delta N_传轴$。

每牛顿液体所做的功称为有效功率,$N_效 = 9.8QH$。如果水泵轴与动力机轴直接相连,泵轴功率可以认为等于动力机的输出功率。对于长轴井泵,动力机的输出功率首先传给传动轴,在通过传动轴传给下面泵体中的水泵轴。如果动力机与传动轴相连,则传动轴功率就是动力机的输出功率。从传动轴功率减去传动轴支架中的轴承,机座中填料以及传动轴与水之间的摩擦损失功率,就是传给泵轴中的功率。

10. 答:水泵效率有容积效率、机械效率、水力效率三种。

（1）容积效率:实际流量与理论流量之比,一般用百分数表示。

（2）机械效率:水功率与轴功率的比值,用百分数表示。

（3）水力效率:水泵扬程 H 和理论扬程 H_1 之比的百分数。

11. 答:要想了解水泵的扬水原理,首先必须了解水流流动的根本原因是什么,水流的流动是由于能量差形成的,具有较高能量的水总是向低能量方向流动。水的能量有位能、动能和压能等,它们可以相互转换。一般情况下,水之所以从高处流向低处,如渠水的输送、江河的奔流、瀑布的下泄,就是因为高处的水具有较高的能量(位能)。如果低处的水也能具有较高能量,低处的水就会流向高处。如拧开自来水龙头,水就会流出。水泵的作用就在于提高水的能量。再如离心泵,当水通过水泵高速旋转的叶轮时,叶轮就把旋转的机械能传给水,使水的能量增加,当水泵出口处的能量(主要是离心力转化的压能)增大到一定程度时,水就会沿管路扬升到一定高度处。又如轴流泵中水流能量的增加,是由于叶轮旋转给水以向上的推力而形成的;活塞泵是靠活塞往复运动给水以挤压力使水的压能提高,把水压送到高处或远方。其他各类提水设备,都是以不同方式提高水的能量(动能、压能和位能)而完成扬水任务的。

12. 答:概括地说,这些名词是从不同的角度,以不同的方式表示压强,都和大气压力有关。说明如下:

如图 2-1-1 所示,在泵进、出口①和②处分别装上测压管(U 形管),就会发现,出水侧测压管中水面高于泵轴线 0′—0′,而进水侧测压管中水面不仅不升,反而下降到水泵轴线 0′—0′以下。这是什么原因呢? 首先研究泵出口②点水流所受的压力是多少。

表面上看,②点的压力就等于测压管中的水柱高 $h_{2(相)}$,这一水柱高所形成的压力

$p_{2(相)}$,我们叫水泵出口处即②点的"相对压力",并有 $p_{2(相)} = \gamma h_{2(相)}$。事实上,②点测压管的水面上还作用有大气(即空气)的压力 $p_{大气}$,如果把大气压力也考虑在内,则②点所受的全部压力叫该点的绝对压力 $p_{2(绝)}$,即

$$p_{2(绝)} = p_{大气} + p_{2(相)} \tag{2-1-1}$$

或

$$p_{2(相)} = p_{2(绝)} - p_{大气} \tag{2-1-2}$$

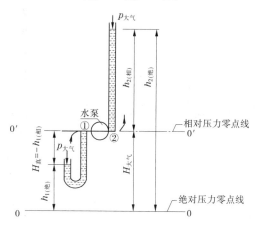

图 2-1-1　压强表示方法及其相互关系示意图

为了形象地表示绝对压力和相对压力的关系,可在水泵轴线 0′—0′ 下做一条 0—0 水平线,使两线的距离恰好为一个大气压(约 10 m 水柱高),则从 0—0 线到②点测压管水面的垂直距离 $h_{2(绝)}$,就是②点的绝对压力(水柱高)。从 0′—0′ 线(称相对压力零点线)到测压管水面的距离 $h_{2(相)}$,就是②点的相对压力。从图 2-1-1 中可以看出 $h_{2(相)} = h_{2(绝)} - H_{大气}$,即相对压力等于绝对压力和大气压力之差。可见,所谓相对压力,是相对大气压力而言的。任意点的压力如果计入大气压力就是绝对压力,不计入大气压力就是相对压力。由于各种仪表在大气中的读数都为零(或整定为零),所以测出的压力都是相对压力。因此,相对压力也叫"表压力"或"计示压力"。

下面研究进口①点的压力表示方法。U 形管中开口端水面之所以低于泵轴线 0′—0′,是因为①点的绝对压力小于一个大气压力。我们知道,U 形管开口端水面承受的是 1 个大气压力,而①点位于该水面以上 $H_{真}$ 的距离,根据连通管原理,①点的压力比大气压要小 $H_{真}$ 水柱高,所小的数值我们叫作该点的真空值。显然,①点的真空值就等于 $H_{真}$ 水柱高。U 形管中水面越低,说明①点的压力比大气压要小得多,即该点的真空值越大。如果 U 形管中水面和 0′—0′ 线齐平,说明①点的真空值为零;如果降至 0—0 线,则①点的真空值等于一个大气压。可见,①点的真空值是在 0(最小)~1 个大气压(最大)范围内变动的。真空值加绝对压力等于 1 个大气压力。真空值的大小可用真空度 V 来表示:

$$V = \frac{H_{真}}{H_{大气}} \times 100\% \tag{2-1-3}$$

有时为了和泵出口压力对比,把进口处的压力也用绝对压力和相对压力表示较为方便。因为 0′—0′ 线是相对压力零点线,U 形管水面低于该线,所以相对压力为负值,即①点的相对压力如用水柱高表示,其值为 $-h_{1(相)}$($-h_{1(相)} = -p_{1(相)}/\gamma$);该点的绝对压力则

为从 0—0 线算起的 $h_{1(绝)}$($h_{1(绝)} = p_{1(绝)}/\gamma$)。

综上所述可知,①点的压力是能用不同方式表达的。举例说,如果大气压为 19 m 水柱高,泵进口①处 U 形管水面比 0′—0′线低 3 m,则①点压强可分别表示为

$$真空值 = 3\ m\ 水柱高 = 0.3\ kg/cm^2 = 220.7\ mm\ 汞柱高$$

或

$$相对压力 = -3\ m\ 水柱高 = -0.3\ kg/cm^2$$

$$绝对压力 = p_{大气} + p_{1(相)} = 1.0 + (-0.3) = 0.7\ 大气压(kg/cm^2) = 7\ m\ 水柱高$$

$$真空度 = \frac{H_真}{H_{大气}} \times 100\% = 3/10 \times 100\% = 30\%$$

由上例可见,数值的大小和正负号的不同,不是表明该点压力发生了变化,而是由于该点的表示方法不同。

13. 答:把水泵扬程说成是水泵的扬水高度,这是一种表面的理解。确切地说,水泵扬程是指水通过水泵后,单位质量(例如 1 kg)的水实际所获的能量。单位水重所具有的能量简称为"比能"。靠此能量,把水以某一速度压送至一定高度。如图 2-1-2(a)所示,设水流在水泵出口②处的流速为 v_2,相对压力为 p_2,则由水力学知,水流具有的比动能为 $\frac{v_2^2}{2g}$,比压能为 $\frac{p_2}{\gamma}$,如果以水泵轴线 0—0 为基线,则其比位能是 ΔZ,所以②处水流的总比能为

$$H_2 = \frac{v_2^2}{2g} + \frac{p_2}{\gamma} + \Delta Z \tag{2-1-4}$$

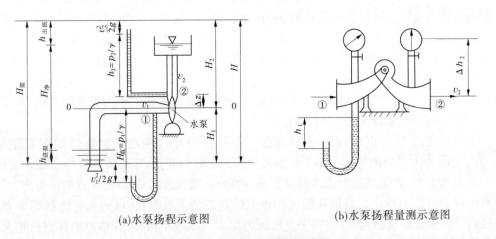

(a)水泵扬程示意图　　　　　　　(b)水泵扬程量测示意图

图 2-1-2　水泵扬程及量测示意图

同理,在水泵进口①处的比动能为 $\frac{v_1^2}{2g}$;由于在图 2-1-2(a)所示的装置情况下,①点水流的相对压力为负值,其比压能为 $-\frac{p_1}{\gamma}$,如果仍以 0—0 为基线,则①点所具有的总比能为

$$H_1 = \frac{v_1^2}{2g} + \left(-\frac{p_1}{\gamma}\right) + 0 = \frac{v_1^2}{2g} - \frac{p_1}{\gamma} \tag{2-1-5}$$

当水流以此比能 H_1 进入水泵后,在高速旋转叶轮的作用下,水的能量增大。因此,当

水流至水泵出口②时,它的总比能从 H_1 增至 H_2,显然,水泵出口和进口总比能之差就是水泵通过水泵后实际获得的总比能 H,即

$$H = H_2 - H_1 = (\frac{v_2^2}{2g} + \frac{p_2}{\gamma} + \Delta Z) - (\frac{v_1^2}{2g} - \frac{p_1}{\gamma})$$

或

$$H = \frac{v_2^2 - v_1^2}{2g} + \frac{p_1 + p_2}{\gamma} + \Delta Z \tag{2-1-6}$$

由于比压能 $\frac{p_1}{\gamma}$ 和 $\frac{p_2}{\gamma}$ 是压力 p_1 和 p_2 在水泵进、出口处所能形成的压水高度,所以可称为压扬程;比动能是流速 v 所能转换的水柱高度,即在空气中能喷射的垂直高度,故称动扬程。比位能 ΔZ 是相对于某基准面的一段垂直距离。它们的单位都可以用米水柱高度表示,所以水泵总比能的单位是"米"水柱高。这样就可以用几何高度形象地表示出总比能的大小。因此,把泵的总比能一般称为水泵总扬程或简称水泵扬程。

从式(2-1-6)中可以看出,水泵扬程中既包括压扬程,也包括动扬程,所以不能把它理解为水泵的实际扬水高度。

如果水泵进、出口直径相同,则 $v_1 = v_2$,此时 $\frac{v_2^2 - v_1^2}{2g} = 0$,同时在一般情况下,$\Delta Z$ 值较小(或等于零),可不计入,则式(2-1-6)可简化为

$$H = H_真 + h_2 = \frac{p_1}{\gamma} + \frac{p_2}{\gamma} \quad (m) \tag{2-1-7}$$

即水泵扬程是进、出口压扬程之和。

对一台水泵而言,扬程并不是一个常数,当泵转速不变时,扬程一般随过泵流量的增大而减小,即泵的扬程大小只和过泵流量有关,而和管路系统、水池水位变化等外界条件无直接关系。水泵铭牌上或规格表中所列扬程,叫作"额定扬程",此时所对应的流量称为"额定流量"(在此工况下水泵效率最高)。

在实际中,要确定某一流量下的水泵扬程时,只要测出水泵进、出口的压力 p_1 和 p_2,并测出水泵流量,再根据流量求出泵进、出口的断面平均流速 v_1 和 v_2,代入式(2-1-6)即可求出水泵扬程 H。

泵出口处压力 p_2 的测定,一般多采用金属压力表(弹簧管压力计),表盘上压力读数的单位是 kg/cm²;在水泵进口测定真空值时,多采用金属真空计或采用内装汞的U形管,如图2-1-2(b)所示,其读数单位一般用毫米汞柱高表示。但水泵扬程单位是米水柱高,所以在实际应用中,必须把它们换算成米水柱高。现举例说明如下:

【例】 一台水泵,其进、出口面积相等并基本在同一基准线上,今测得泵出口压力计读数为 5 kg/cm²,进口真空值 $h_1 = 200$ mm 汞柱高,求该泵扬程。

【解】 在进、出口处,由于汞重度是水的13.6倍,所以200 mm汞柱高相当的米水柱高为

$$H_真 = \frac{13.6 \times h_1}{1\,000} = \frac{13.6 \times 200}{1\,000} = 2.72 \quad (m \text{ 水柱高})$$

在出口处,计表读数为 5 kg/cm²,即50 m水柱高,但出口处②点的压力应该是该读数

相应的水柱高再加上从压力计中心到②点间的垂直距离 Δh_2,设此项超高为 0.5 m,则泵出口的压扬程为

$$h_2 = 50 + 0.5 = 50.5(\text{m 水柱高})$$

对进口处的真空值,可不计入此项超高值,因连接真空计的小管中没有水,所以根据式(2-1-7)得水泵扬程为

$$H = H_{真} + h_2 = 2.72 + 50.5 = 53.22(\text{m 水柱高})$$

14. 答:净扬程(又称实际扬程、几何扬程、地形扬程等)是指进水池水面到出水池水面间的垂直距离(对自由出流指的是到管出口中心的距离),即实际的扬水高度,如图 2-1-2(a)所示。它主要取决于排灌区的地形。所需扬程是指把单位质量(如 1 kg)的水扬 $H_{净}$ 高度所需要的能量。因为扬水必须通过管道,所以把水扬送 $H_{净}$ 高度所需的能量,除把水的位能提高 $H_{净}$ 外,还要加上因克服水和管路之间的摩阻而损耗的能量,即所需扬程 $H_{需}$ 应该是:

$$H_{需} = H_{净} + h_{损} = H_{净} + (h_{进损} + h_{出损}) \tag{2-1-8}$$

式中:$h_{损}$ 为每单位水重由于管路摩阻而损失的能量(或称损失扬程);$h_{进损}$ 和 $h_{出损}$ 分别为进水管和出水管的损失扬程。

在选择水泵时,所需扬程 $H_{需}$ 是选定水泵扬程 H 的依据。为了满足扬水需要,所选水泵扬程 H 应大于或等于 $H_{需}$,即 $H \geqslant H_{需}$。显然,H 和 $H_{需}$ 是两个不同的概念,$H_{需}$ 是把水扬至某一高度所需要的能量,H 是水泵本身所能提供的能量(扬程),供需平衡或供大于需才能完成扬水任务。在实际中为了计算 $H_{需}$,常根据管路长短粗估 $h_{损} = (10\% \sim 20\%)H_{净}$,求出 $H_{需}$,然后选定水泵扬程 H。当管路有关尺寸确定后,再求出较准确的 $h_{损}$ 加以校核。绝不能根据 $H_{净}$ 的大小去选定水泵的扬程。

在水泵运行中,不管流量如何变化,H 和 $H_{需}$ 始终保持恒等,即 $H \equiv H_{需}$。譬如说,由于某种原因 $H_{需}$ 减少(如出水池水位下降),这时将出现 $H > H_{需}$,但这是不可能的,因为水泵有了多余的能量,必然使管中流速加快,流量增加,由此而导致管路损失扬程 $h_{损}$ 的增大,所以 $H_{需}$ 加大,二者又达到新的平衡工况。反之,$H < H_{需}$,例如出水池水位上升,管中流速减慢,H 增大并自行调整到满足 $H \equiv H_{需}$ 的条件,如图 2-1-2(a)所示。

15. 答:水泵流量又叫出水量,是指在水泵出口断面单位时间内所流过的水的体积或重量,水泵流量的单位多采用"L/s""m^3/h"或"t/h"等。因 1 m^3 的水为 1 000 L,起重量约为 1 t,所以各单位的换算关系是:

$$1 \text{ L/s} = 0.001 \text{ m}^3/\text{s} = 3.6 \text{ m}^3/\text{h} = 3.6 \text{ t/h}$$

流量单位还有其他表示方法。表 2-1-1 列出了各单位间的换算关系。

每种型号的水泵,流量都有一定的范围。所谓"额定流量",是指水泵效率最高时所对应的流量。水泵铭牌或产品样本上标出的流量,就是指这一流量。如果水泵在大于或小于额定流量下运行时,水泵效率都会降低,偏离越远,降低越多。从使用观点看,应力求使泵在额定流量下运行,以降低抽水成本。当为水井选配水泵时,应使泵的额定流量和井的最大可能涌水量相符。

表 2-1-1　流量单位换算表

L/s	m³/s	m³/h 或 t/h	gal/min(英)	gal/min(美)	ft³/h	ft³/min
1	0.001	3.6	13.197	15.851 4	127.14	2.119
1 000	1	3 600	13 197	15 851.4	127 140	2 119
0.277 8	0.000 278	1	3.665 8	4.403 2	35.317	0.588 0
0.075 8	0.000 076	0.272 8	1	1.201 1	9.643 2	0.160 56
0.063 1	0.000 063	0.227 1	0.832 5	1	8.020 8	0.177 68
0.007 87	0.000 007 9	0.028 3	0.103 8	0.124 7	1	0.166 68
0.471 9	0.000 47	1.698 9	6.227 9	7.485 5	60	1

一般来说,水泵进水口直径 d 越大,泵的流量越大,它和泵进口直径 d 的平方成正比。当水泵铭牌丢失又无样本可查时,我们可以用下列简易公式估算出泵的额定流量。

对单级离心泵:

$$Q = 1.35d^2 \quad (\text{L/s}) \tag{2-1-9}$$

式中:d 为以 in 表示的水泵进水口直径(下同)。

式(2-1-9)对口径为 12 ~ 14 in 单级离心泵的估算值偏差较大。为此,对 12 ~ 14 in 的泵可用下列较为精确的经验公式估算:

$$Q = 0.24d^{2.75} \quad (\text{L/s}) \tag{2-1-10}$$

对卧式多级离心泵和进水口直径在 10 in 以下的卧式混流泵:

$$Q = d^2 \quad (\text{L/s}) \tag{2-1-11}$$

对泵进水口直径为 12 ~ 20 in 的卧式混流泵:

$$Q = 1.4d^2 \quad (\text{L/s}) \tag{2-1-12}$$

由此可见,只要从外表区分出泵型并量出泵进口直径(以 in 表示),代入上列相应公式即可求出其"额定流量",方法极为简捷。

【例】　今有一无铭牌双吸单级离心泵,量得其进水口直径为 12 in,问其额定流量是多少?

【解】　由式(2-1-9)得:

$$Q = 1.35 \times 12^2 = 194.4(\text{L/s})$$

但由于其直径为 12 ~ 14 in,所以应采用较准确的式(2-1-10)计算,即

$$Q = 0.24 \times 12^{2.75} = 222.8(\text{L/s})$$

验证:从样本上查得 12SH 双吸单级离心泵的额定流量为 220 L/s,两者基本相符。

16. 答:水泵效率 $\eta_{泵}$ 是衡量水泵工作效能高低的一项技术经济指标。它是指水泵的有效功率 $N_{有效}$(即水泵输出功率)和水泵轴功率 $N_{轴}$(即输泵输入功率)之比,其表达式为

$$\eta_{泵} = \frac{N_{有效}}{N_{轴}} \times 100\% \tag{2-1-13}$$

式中,$N_{轴}$ 实际上是原动机传给泵轴上的功率,一般可实际测得,而有效功率可用下式计算:

$$N_{有效} = \frac{\gamma QH}{102}(\text{kW}) = \frac{\gamma QH}{75}(\text{马力}) \tag{2-1-14}$$

式中:γ 为水的重度,在常温下 $\gamma = 1\,000\ \text{kg/m}^3$;$Q$、$H$ 分别为泵的流量(m^3/s)和扬程(m)。

当水泵给出的流量 Q 和扬程 H 一定时,水泵的效率高,说明输入功率 $N_轴$ 小,节约了能源;如果输入的功率相同,$\eta_泵$ 高,表明有效利用的能源多,扩大了灌、排效益。因此,在实际运用中应尽力提高水泵效率。市场上水泵效率一般在 65%~90%,大型泵可达 90% 以上。

水泵有效功率总是小于轴功率的,这是因为在水泵把能量传给水的过程中,存在着各种能量损失,其中包括机械损失、水利损失和容积(流量)损失。

机械损失主要有水泵填料、轴承和泵轴间的摩擦损失,叶轮前后轮盘旋转和水的摩擦损失等,从使用观点看,为了减少机械摩擦损失,水泵填料要压得松紧适度。过紧了,磨损增大;太松了,漏损水量增多。还应经常检查轴承润滑情况,不可缺油,油质要符合标准。叶轮的轮盘表面应光滑,防止锈蚀以减少摩擦损失。

水力损失主要由水流经泵的过流部分(如叶轮、泵壳等)产生的水力摩擦、涡流和水力撞击等项损失所形成。水泵过流部分的壁面越粗糙,水泵运行偏离额定工况越远,此项损失也越大。因此,应尽量保持叶轮、泵壳内壁光滑,避免锈蚀、堵塞,并力求使水泵在额定工况下工作,以减少水流的涡流和撞击损失。

容积损失是指水在流经水泵后所漏损的流量,包括从口环间隙、水泵填料密封和叶轮平衡孔等处所流失的水量。其中,口环间隙对漏损流量的影响较大,此间隙一般规定为 0.2~0.4 mm。实践表明,当口环间隙从 0.3 mm 增大到 1 mm 时,漏损流量从 3.5% 增加到 18.7%,为原漏损量的 5.3 倍。因此,当发现口环磨损时,应及时修理或更换。

以上三项损失中,水力损失占主要地位,它们的大小分别用机械效率 $\eta_机$、水力效率 $\eta_水$ 和容积效率 $\eta_容$ 表示,效率值越大,说明其损失越小。水泵的总效率 $\eta_泵$ 是三者效率的乘积,即

$$\eta_泵 = \eta_水\,\eta_机\,\eta_容 \qquad (2\text{-}1\text{-}15)$$

由上述可见,水泵效率的高低,在很大程度上取决于水泵的使用情况,如果维修和使用不当,即使制造出高效率的水泵,也达不到高效低耗经济运行的目的。

17. 答:蜗壳的主要作用是汇集由叶轮甩出的高速水流,并将其平顺地引入出水管中。因为从离心泵叶轮甩出的高速水流都要汇集到一起才能引导出去,所以甩出的流量在沿叶轮外圆周的流程上是逐渐增加的。为使水流能平顺地导出,应保持其流速不变。为此,过流断面必须做成逐渐扩散的。由于扩散流道形状如蜗牛壳,所以叫作蜗壳。事实上,蜗壳各过流断面尺寸就是根据断面平均流速相等,即 $v_c = $ 常数原则计算的;有时也采用 $v_u \cdot r = $ 常数计算,即假定蜗壳断面上任意点的水流圆周分速度 v_u 乘以该点距轴心的距离 r 为一常数。这时,沿蜗壳各过流断面的平均流速是渐减的,可将水流的一部分动能转化成压能。但由于各断面平均流速相差有限,所以能量的转化也是有限的,为此,一般都在蜗壳的出口端再接一个扩散性的锥形管,以便降低流速,把大部分动能转化为压能。这样,由于泵出口处流速减小,当水流入出水管时,可减少水流和管路的摩擦损失,提高水泵运行的经济效果。

应该指出,不管采用哪种蜗壳断面计算方法,由于沿蜗壳各断面水压不尽相同,因此

沿叶轮外圆周上各点所受水压不同,将会形成一个径向推力作用在水泵轴上,有时会导致泵轴的断裂。

18. 答:因为水泵叶轮是一个转动部件,而泵壳是不动的,所以在叶轮进口外缘和泵壳间必须留有一定的间隙,但为了阻止叶轮甩入泵壳中的高压水经此缝隙大量流回叶轮进水侧,同时为了防止叶轮和泵壳之间产生磨损,以及磨损后便于处理,一般在叶轮进口处的泵壳上镶装一金属圆环,该环称为口环,磨损后可更换。因为口环既可减小漏回流量又能防止泵壳磨损,所以又叫减漏环或承磨环。

对 B 型(或 BA 型)离心泵,口环是平直式的,如图 2-1-3(a)所示,主要靠径向间隙 S 密封。但目前有些工厂采用叶轮和泵壳端面密封方式,如图 2-1-3(b)所示,只要靠轴向间隙 a 密封,它的优点是漏回的水沿径向流出,和平直式口环轴向流出相比,改善了水泵进口处的水流流态;同时,这种口环和泵壳之间采用过渡配合,轴向间隙可调整,当磨损后间隙增大,可移动口环,以减小泄漏水量并延长了口环的使用寿命。

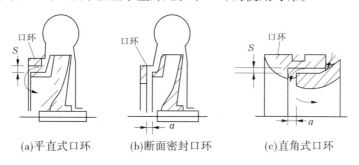

(a)平直式口环　　　　(b)断面密封口环　　　　(c)直角式口环

图 2-1-3　口环型式和间隙示意图

对 SH 型泵,两侧进水口处均装有口环,是直角式的,如图 2-1-3(c)所示。为防止轴向的可能窜动,其轴向间隙 a 比径向间隙 S 大得多。这种型式的口环的优点是,漏水量沿径向流出,同时由于轴向间隙大,漏水流速降低,减小了对进水流态的不良影响。

口环间隙多大比较好呢?原则上说是越小越好。因间隙过大漏水量显著增大,并使水泵入口出水流条件恶化,降低了水泵的容积效率和水力效率。但口环间隙也不能太小,这样不仅增加了制造工艺上的困难,而且运行时会造成机械磨损事故,甚至磨熔而使口环和叶轮咬死。口环轴向间隙一般为 2~5 mm;径向间隙为 0.2~0.4 mm,其值和口环内径大小有关,如表 2-1-2 所示。

表 2-1-2　叶轮与口环径向间隙　　　　(单位:mm)

口环内径	径向间隙	磨损极限	口环内径	径向间隙	磨损极限
80~120	0.09~0.22	0.48	220~260	0.16~0.34	0.70
120~150	0.105~0.255	0.60	260~290	0.16~0.35	0.80
150~180	0.120~0.28	0.60	290~320	0.175~0.375	0.80
180~220	0.135~0.315	0.70	320~360	0.200~0.400	0.80

口环间隙漏损流量可根据下式估算:

$$\Delta q = CA \sqrt{2gH_L} = CD_LS \sqrt{2gH_L} \qquad (2\text{-}1\text{-}16)$$

式中:Δq 为漏损流量,m^3/s;C 为漏损系数和间隙长、口环型式等有关,对平直式口环 $C = 0.4 \sim 0.5$,对直角式口环 $C = 0.35 \sim 0.45$;D_L 为口环间隙的平均值,m;S 为径向间隙宽度,m;H_L 为间隙两边水头差,m,当比转速 $n_s = 60$ 时,$H_L = 0.6H$,当 $n_s = 200$ 时,$H_L = 0.8H$,其中 H 为水泵扬程,m。

可见,对一台泵来说,漏损流量和间隙大小成正比。例如有一台泵,间隙长 18 mm,泵的转速 $n = 1\,400$ r/min,据试验,当间隙为 0.3 mm 时,泄漏量为 3.53%,即容积效率 $\eta_{容} = 96.48\%$,当间隙增至 0.99 mm 时,泄漏量达 18.7%,$\eta_{容} = 81.3\%$,容积效率降低了 15.18%。

19. 答:泵站工程中,应用最广的是填料密封。这种密封方法是在泵轴上缠上几圈油浸石棉绳或橡胶带,并用压盖适当压紧完成轴伸端的密封。它结构简单,取材容易,价格低廉,拆装方便,在大、中、小和高、低扬程的离心泵中普遍采用。但易磨损变质,使用寿命短,特别是水中含沙量较大时,因磨损使密封很快失效,经常需要停机更换。近年来国内外已采用了一些新的密封方式,当前应用较广的有橡胶圈油封和机械密封两种。橡胶圈油封(见图2-1-4)是在油封座4内,将2~3个有金属骨架的开口橡胶圈5压装在泵轴套3上(油封座内充以黄油)并用压盖8固定。挡圈6装在油封座4的内端部,并在挡圈的凹槽中再加装一个橡胶环7,以增强密封效果。实践表明,这种密封结构简单,维修方便,在扬程不高的水泵中使用效果良好;当扬程较高时,密封效果明显下降。另外,油封橡胶圈和泵轴套直接相磨,因此应对轴套表面进行抗磨处理,如镀铬等,否则易磨成沟槽导致密封失效。但也可把油封橡胶圈开口调向使用,以适当延长其使用寿命。

机械密封如图2-1-5所示,是靠由弹簧3压紧的静环、动环(见图2-1-5中的5和7)光洁的端面紧密磨合而形成径向密封的,同时由密封橡胶圈4完成轴向密封,以防止水或气沿泵轴泄漏。动环(一般由不锈钢或硬质金属制成)嵌装在动环座8上,随泵轴一起转动;静环(一般为铸锡青铜或塑料等)固定在不动的密封座1中。这种密封方式具有结构紧凑、机械磨损小、密封性能高和使用寿命长等优点。据国外资料介绍,其使用寿命可达30 000~50 000 h。我国一些工业用泵已采用这种机械密封方式。泵站工程用泵,潜水电泵中用得较多;在BPZ系列喷灌自吸泵中,也有一部分采用机械密封。但总地来说,应用

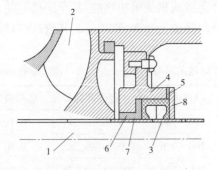

1—泵轴;2—叶轮;3—轴套;4—油封座;
5—橡胶圈;6—挡圈;7—橡胶环;8—油封压盖

图 2-1-4 橡胶圈油封

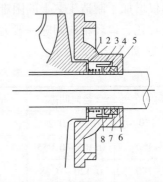

1—密封座;2—垫圈;3—弹簧;4—橡胶圈;
5—静环;6—轴套;7—动环;8—动环座

图 2-1-5 机械密封

还不十分广泛,其主要原因是机械密封结构比较复杂,对制造加工工艺要求较高(如动环、静环端面密封面的光洁度要求在▽10以上),加之对水质要求高,在浑水中,动环、静环端面易被腐蚀而使密封失效。这就限制了这种密封在农业用泵中的推广和使用。

20.答:离心泵(除自吸泵外)在启动前都要把吸水管和水泵内充满水,否则水泵无法扬水。我们知道,一切物体旋转时所受到的离心力和它的质量一次方、转速的二次方的乘积成正比。例如,在绳的一端拴一块小石子,用手使之旋转,石子形成的离心力把绳子拉得很紧。但要把石子换成同样大小的棉花球,用同样的速度旋转时,绳子是不可能拉直的。这是因为棉花质量轻,所以旋转所产生的离心力也很小。同样道理,水的质量比空气大800倍左右,如果启动水泵前不灌水,尽管叶轮高速转动,由于空气受到的离心力极小,这个离心力虽然也可以把泵内的空气排出一部分,但泵中空气的压力和外界大气压力仍然相差很小,吸水池中的水在这样小的压差下是无法经吸水管进入水泵中的。因此,离心泵在启动前必须充满水。离心泵启动后不出水,往往是由于泵中空气未被净水充满所致。

对有底阀的小型泵,一般多采用人工灌水法,从泵壳上部专用灌水孔或从出水管口向泵中灌满水。有时也可采用真空箱充水法,如图2-1-6所示,启动后水泵8从真空箱5进水,箱中水面下降形成真空,吸水池1中的水在大气压作用下,经吸水管2进入箱中,泵即投入正常运行。为保证顺利启动,真空箱的容积至少应为吸水管容积的3倍。对不设底阀和逆止阀且管路较短的小型泵,也可采用边启动边从出水管口向泵内灌水,把泵和管中的空气逐渐带出,一般连续灌水数分钟后水泵即可正常抽水。

对大、中型水泵多采用水环式真空泵(即抽气机)或射流泵抽气充水。

用柴油机带动水泵抽水时,可利用柴油排除的废气通入与水泵顶部相通的射流器,抽气充水,如图2-1-7所示。启动时,将和手柄3相连的阀盖2关闭,废气从射流器1喷出,从而通过连管6把泵中的空气吸出。冲水完毕后把阀盖2打开,控制阀5关闭。

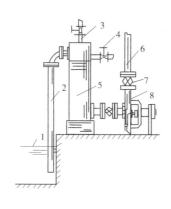

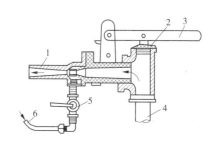

1—吸水池;2—吸水管;3—真空箱注水阀;4—注水时排气阀;
5—真空箱;6—出水管;7—闸阀;8—水泵

图2-1-6 真空箱充水法

1—射流器;2—阀盖;3—手柄;4—柴油机排气管;
5—控制阀;6—连管(和泵顶部相连)

图2-1-7 利用柴油机废气抽水充气

此外,也可采用半淹没式泵房,即吸水管和泵顶的高程均在进水池面以下,这样,水可以自行引入泵中。但这种充水方式没有充分利用泵的吸水能力;同时水泵安装高程降低,不仅增大了基础的开挖量,而且运行管理也较不便,应进行技术经济比较后确定。对多级泵站的一级以后各级泵站,有时为了迅速启动水泵,可以考虑采用这种自行引水方式,以免由于启动困难,导致前级泵站的来水淹没泵房。

21. 答:水泵启动时,要把出水管路上的闸阀关闭以减小启动功率。但有人担心,闸阀把水挡住,水流不出去,水会不会把水泵压破。为了说明问题,我们可把水泵关阀运行工况近似地用圆筒中水流的旋转情况来代替,如图 2-1-8 所示,被搅动而旋转的水,由于距桶中心越远,水所受的离心力也越大,水面上升的高度也越高,所以水面呈抛物面状。

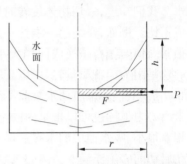

图 2-1-8　盛水圆筒中水流的旋转

该半径为 r 的桶壁处水面上升高度为 h,则在此 h 水柱作用下,桶壁处断面面积为 A 的水所受的总压力为

$$P = \gamma h A \tag{2-1-17}$$

式中:γ 为水的重度。

另外,断面面积为 A,长为 r 的水体所受的离心力为

$$F = m\omega^2 \frac{r}{2} = \rho A r \left(\frac{u}{r}\right)^2 \frac{r}{2} = \rho A \frac{u^2}{2} \tag{2-1-18}$$

式中:m 为水体的质量,$m = \rho A r$,ρ 为水的密度;ω 为水的旋转角速度,$\omega = u/r$,u 是半径为 r 处水的圆周速度。

在洞壁处,水柱高 h 所形成的的水压力和水体由于旋转而产生的离心力相互平衡,即 $P = F$,或 $\gamma h A = \rho A u^2/2$,所以最后可得在洞壁 r 处水面上升高为

$$h = \frac{\rho}{2\gamma} u^2 = \frac{u^2}{2g} \tag{2-1-19}$$

式中:g 为重力加速度($g = 9.81 \ \mathrm{m/s^2}$)。

如果圆筒的转速为 $n(\mathrm{r/min})$,圆筒直径为 $D(\mathrm{m})$,则式(2-1-19)中的 u 可表示为

$$u = \frac{\pi D n}{60} \quad (\mathrm{m/s}) \tag{2-1-20}$$

将 u 值代入式(2-1-19)中并整理得

$$h = 0.000 \ 139 \ 8 D^2 n^2 \tag{2-1-21}$$

可见,筒壁处水面上升的高度和筒径乘以转速的平方成正比。因为水泵的转速 n 和叶轮直径 D 都是一定的,因此由离心力而产生的压水高度 h 也是一定的。关阀运行的水泵,其扬程一般为其额定扬程的 1.1 ~ 1.4 倍,而水泵的设计强度均大于 1.5 倍的额定压力。所以泵不会被水压坏,但关阀运行时间应尽量缩短。

22. 答:离心泵启动时,出水闸阀应关闭,待机组达额定转速后,再慢慢打开闸阀,水泵即投入正常运转。因关阀启动流量为零时,水泵轴功率最小,一般只有额定功率的 40% ~ 90%。随着阀门的开启,流量增大,轴功率也逐渐升高,当闸阀全开时达最大值。可

见开阀启动,机组将承受很大的负载,水力阻力矩剧增,会使启动发生困难,易引起事故。除此,启动时还应注意以下几点:

(1)启动达额定转速后,应立即开启阀门,空转时间不可过长。否则,泵内水温会急剧升高。同时当 $Q=0$ 时,泵的扬程都比额定扬程 H_0 大 ,一般为

$$H_{Q=0} = (110\% \sim 140\%)H_0 \tag{2-1-22}$$

水泵如果长时间在此高压下空转,易冲损水泵的密封填料,大量漏水。

(2)如果采用启动补偿降压启动,手柄先推到"启动"位置,当电动机转速和电流值都接近额定值时(一般需 $15 \sim 20$ s),迅速将手柄搬到"运行"位置。切记,在"启动"位置的时间不能过长,以免电动机发热绕组被烧毁。在电动机冷却状态下,不得连续强行启动三次,两次启动时间要间隔 $3 \sim 5$ min,防止电动机过热。在电动机接近容许温度的热状态下,不得连续启动,需冷却到常温后,再次启动。当启动力矩过大而无法启动时,可将补偿器的降压标准提高一级(例如将启动电压由 70% 提高到 80%)再启动。

(3)启动泵前须充满水排尽空气,否则启动时由于空气的存在将引起机组强烈振动和发出劈啪响声。对 SH 型泵和两叶轮间具有外部导水管的 DK 型泵,当采用半淹没式泵房向泵中充水排水时,必须在吸水蜗壳和出水蜗壳或导水管顶部单独设置排气管,分别排气,如图 2-1-9 所示,不可将排气管汇集在一起由上部一根管子排气,因为这样做会使位置较低的吸水蜗壳顶部的空气由于上部排气管中的水压而无法排净。

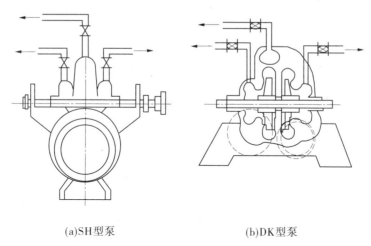

(a)SH型泵   (b)DK型泵

图 2-1-9　充实排气示意图

(4)对某些泵由于关阀启动,泵中水流紊乱,受压较高,机组振动和声响加剧。遇此情况,可在启动前把阀门打开少许再启动,振动声和响声即可消除。但阀门的开度不宜过大,以免引起启动阻力矩增大造成启动困难。据试验,闸阀开启 4% 时,启动阻力矩和关阀相比,增大 20% 左右,所以其开度一般不要大于 4% 。

(5)对高扬程泵关阀启动时,由于高压水给阀门板以作用力,同时阀板以大小相等、方向相反的反作用力作用于水泵,如果泵座底脚螺栓固接不紧或强度不够,在此反作用力下水泵可能产生位移或剪断底脚螺栓。因此,在启动前应根据阀板受水压的面积和水压强度大小算出此反作用力,有时还应考虑水的径向推力,核验底脚螺栓固紧程度和剪

切应力是否满足要求,否则应采取加固措施。

离心泵在停机时应先关闭闸阀再停机,以免引起水锤(有逆止阀时)和水倒流、机组倒转(无逆止阀)。

23. 答:在正常情况下,泵启动开阀后 1~5 min(视管路长短而定)即可出水,否则应立即停机进行检查,找出原因所在。常见的原因可能有以下几种:

(1)开泵前充水排气不足,泵内没形成足够的真空。对有底阀的小型泵,可能是未灌满水或泵中气未排净,或因底阀锈损漏水,或阀舌被杂物卡住关闭不严,或因吸水管倾斜,底阀也随之倾斜,阀舌未落在阀座上而漏水。对采用真空泵抽气充水的大中型泵,有时因抽气量小,或因管子漏气,闸阀未关严,泵中形成不了必要的真空。另外,真空泵的吸水管不能安装在进水管上,要安装在泵壳最高部位,以免泵壳上部积存的空气无法排除。

(2)吸水管和水泵漏气,破坏了泵进口处的真空。吸水管如为钢管或焊接钢管,可能是有砂眼、裂缝,或焊缝处漏气;有时因法兰盘连接螺丝未上紧或连接处橡胶垫圈贴合不良等。吸水管如系胶管,可能因折裂、擦伤磨损或老化而出现裂纹漏气。判断何处漏气可采用点燃的蜡烛、纸烟或用羽毛、薄纸等物沿线检查,烟、火或测试物被吸入处即为漏气处。出现漏气可采用紧固连接螺丝或临时用湿胶泥、铅油、胶布等,抹贴于漏气部位。对 SH 型泵,两端填料可能过松而进气,或从两端轴套和泵轴之间的缝隙吸入空气,遇此情况,可在轴套和叶轮之间加橡胶圈。

(3)叶轮打滑,轴转叶轮不转。最常见的是单吸式离心泵叶轮顶端螺帽松脱;平键磨损或未安,这时叶轮形成不了必要的离心力。

(4)过流部分堵塞,流道不通。如叶轮槽道、底阀或管路被杂物堵死,或进水口埋入泥中。

(5)叶轮转向不对。其表现是机组振动,电动机电流和功率增大。这时应停机,将电动机引入导线任意两根换接即可。

(6)水泵吸水高度超过容许值或吸水管淹没深度不足,吸入空气。这时,可抬高吸水池水位或降低水泵安装高程。实际扬程超过水泵额定扬程过多,这往往是水泵选配错误引起的。如认为水泵吸水靠大气压,而水泵扬程是从水泵出口算起的扬水高度,结果引起水泵扬程不够,水扬不上去。解决的办法是:可降低出水池或出水口高度,或更换一个外径较大的叶轮(可另行制造),但叶轮加大量不宜超过 10%,否则效率降低较大。也可采用提高水泵转速的方法提高扬程,但这时泵的轴功率也增大(和转速的三次方成正比增加),因此应核验动力机是否会超载。也可更换成高扬程泵或采用两台水泵串联等方式。除此,适当锉大叶轮出口宽度或叶片出口角度,也略能提高水泵扬程。

(7)水泵吸水管安装不良。如吸水管略有突起处,积聚空气,破坏吸水真空。这时应进行改装,把和水泵进口连接的平管段装成微向泵进口方向上斜;水泵进口同心渐缩管应改成上平下斜的偏心渐缩管。

在运行过程中出水突然中断或减小的原因可归纳如下:

(1)水泵进口处有空气逐渐积聚,破坏了该处真空。对 SH 型泵可能由于两端填料过松或磨损而进气,或由于轴套处轻微进气。对叶轮有平衡孔的 B(BA)型泵,如果填料箱中的水封环和水封管不通,就无法形成水封,空气就有可能从填料处经平衡孔进入叶轮进口处。另外,吸水管也可能轻微漏气,或因吸水管水下部分破损,当运行中吸水池水位降低至该破损处时,空气被吸入,出水就会突然中断;有时由于水中含有大量空气,当其随着水流至闸阀、泵和管路的凸起部位时,就会逐渐集聚,导致出水中断或减小。

（2）口环和叶轮间的径向间隙过大,产生回流。由于汽蚀或泥沙,口环磨损严重时会形成大量的回流,降低了出水量,甚至使出水中断。对 SH 型泵,有时因上下泵盖间的平面加工不平整或纸垫厚薄不匀,或因连接螺丝未上紧,可能引起高压区的水串流至低压区,如图2-1-10 所示,这时可平整纸垫或将结合面上的四个减重孔用水泥堵塞抹平,增大上下盖的接触面积。

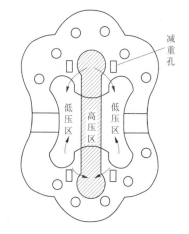

（3）过流部分局部被杂物堵塞。这时水泵出口处的压力表读数和电流表读数逐渐下降。有时因出水管闸阀阀舌钢丝断裂,阀舌掉到阀体中,阻止水流畅通。

图 2-1-10　SH 型水泵上下泵壳间的平面示意图

（4）水泵转速不足。可能由于电压过低;如为皮带传动,可能是皮带尺寸配合比不当或皮带打滑等。

（5）水中含沙量过大,一般规定水中含沙量达 10% 左右时应停止运行。据试验,当含沙量为 10% 时,流量将减小 16% 左右。

（6）运行中,进水池水面下降或出水池水位升高使实际扬水高度过大,导致出水量减小或供水中断。

24.答:水泵振动往往是事故的先兆。正常运行的机组平稳,响声很小,用手触及机壳应无振动感。如果机组振动较大,伴有杂音,应立即停顿,消除隐患。

形成振动的原因可能有以下几点:

（1）机组安装质量不良。如水泵和电动机轴的同心度不合要求。一般卧式离心泵,机泵轴心线径向偏差不得大于 0.03 ~ 0.08 mm,轴向间隙应小于 0.1 ~ 0.4 mm;对大中型立式泵机组,要求同心度 $e \leqslant 0.08$ mm,对小型机组,以 e 不超过 0.1 mm 为宜。又如泵轴弯曲未经校直,运行时产生附加的离心力引起振动;用皮带传动时,传动带过松或接头搭接不良也会引起振动。

（2）水泵叶轮受力不平衡。运行中由于叶轮局部磨损,个别叶道堵塞或叶轮本身制造不良,各径向断面质量不等,运行时产生不平衡力,引起振动。

（3）叶轮口环间隙过小或不匀,和泵壳产生机械摩擦。这时除功率增大外还伴随有机械摩擦声和振动。

（4）机组滚动轴承的滚珠破碎,或滑动轴承的轴瓦间隙过大,易造成泵轴的震动,从而引起水泵振动。如果泵轴振动和叶轮自振频率相同,将形成共振,为避免这类事故发生,应注意对轴承的维修,并定期加注、更换润滑油脂。

（5）机组地脚螺栓未固紧或松动,常引起水泵振动。

(6)叶轮转向不对,因而泵中水流紊乱、脉动而引起振动。

(7)水泵发生汽蚀。气泡在泵中破裂冲击叶片引起叶轮振动和水流脉动,是导致水泵振动和噪声的主要原因。

(8)由于水泵吸程过大,吸水管淹没深度不足或吸水池形成漩涡而吸入空气,特别是当出现池底漩涡时,将引起水泵产生较严重的振动和噪声,这时应增大淹没深度或采取消除漩涡的措施。

综上所述可见,水泵的振动和噪声的成因可归纳为机械和水力两大类。由水力产生的振动和噪声往往比机械因素严重,形成噪声的水力因素除上述汽蚀和漩涡外,还有以下几个方面:

(1)叶轮转动产生的噪声。每当叶轮叶片经过泵壳隔舌时,叶轮出流对隔舌产生一脉动冲击,此冲击通过隔舌传到泵壳上并发出噪声,其基本频率为

$$f = Zn \quad (次/s) \tag{2-1-23}$$

式中:Z 为叶轮叶片数;n 为水泵转速,r/s。

实践表明,适当加大叶轮外缘和隔舌之间的间隙,噪声可明显减小。

(2)叶轮进口流速分布不均产生的噪声。由于大多数叶轮叶片入口处圆周速度不等,因而在该处形成水压脉动,产生噪声,特别是当叶轮前装有弯管时,由于进水的偏流,加剧了入口处的流速分布不均,应力求避免这种安装方式。

(3)脉动噪声。当水泵扬程特性曲线具有驼峰形式(即水泵扬程起初随流量的增加而增加,达最大值后又逐渐下降)时或管线上装有空气室,或用闸阀调节流量时,都会形成水流的脉动现象,从而产生噪声。为消除这种噪声,应避免采用上述泵型和措施。

噪声的防止和减弱除上述措施外,还可采用隔音罩将机组罩住或采用隔音墙和防振设备等。

为防止噪声对运行人员的危害,根据有关规定,距泵 1 m 处的噪声级应小于 65 dB;泵站周围,噪声级应限制在 40~45 dB。

25. 答:水泵填料漏水过多、磨损快可能是填料变质失去弹性或填料质量不好造成的。目前广泛使用的浸油石绵填料干枯硬化后,结成硬块,大大减小了填料和轴的接触面积,填料磨损后远离泵轴,成为漏水或进气的主要原因,造成填料变质失效的原因还有:

(1)填料更换周期过长。

(2)运行时填料压盖过紧,填料受压包紧泵轴,同时使水封环的轴封水不能顺利通过,填料得不到足够的冷却和润滑,很快发热硬化而失效;或因水封环的内环过小,环上小孔数量不足或堵塞,以及水封环安装位置不正等使轴封水不能畅通而导致磨损。

(3)压盖和泵轴配合公差过小,造成摩擦,堵塞了轴封水的渗出。

(4)轴封水中含沙量大,使填料短期内磨损,这时应改换清水进行水封。

总之,在水泵运行中使填料箱的漏水量稍大些,对填料的润滑、冷却和防止进气是有利的。

轴承磨损和温升过高大多由于维护、检修不良,特别是轴承润滑失效所致。在水泵运行中,如果室温为 35 ℃左右,温升超过 45 ℃(滑动轴承),或用手背摸试感到烫手时,则表明温升已不正常。轴承磨损和过热的原因可归纳如下:

（1）滚珠轴承和滑动轴承油量不足或过多、油质不良，有泥沙、铁屑等引起轴承发热和磨损。一般要求水泵的滚珠轴承中应加钙基黄油，因它不溶解于水；电动机轴承应加钠基黄油，它能耐高温（可达 125 ℃）。轴承中黄油量太多，因散热不良而发热，一般加至轴承箱的 2/3 为宜。有时因滑动轴承的甩油环损坏或安放位置不正而引起过热。

（2）用皮带传动时，由于皮带拉得过紧，或把用联轴器直联的水泵（如 SH 型泵）改为皮带传动，导致轴承受力增大而发热。这时，可调整皮带松紧程度或另设皮带轮支架。

（3）轴承内圈和泵轴配合太松或太紧，都会引起轴承发热，因为配合太松时，泵轴将在轴承内圈里转动，或在整个轴承孔内转动；配合太紧时，将使轴承内圈与外圈之间的间隙减小，造成轴承转动不够灵活。

（4）由于泵轴弯曲或不同心引起机组振动，从而导致轴承的磨损和过热。

（5）由于叶轮平衡孔被堵塞不通（如 B 型泵），使轴向推力增大，结果使轴承受力增大，引起发热和磨损。

（6）对大、中型泵，当采用滑动轴承承受机组转动部分的径向力而由滚珠轴承承受轴向推力时，如果后者在轴承座中配合过紧，运行时转动部分的振动力就可能作用在滚珠上而被压碎或烧毁。

26.答：对无铭牌离心泵流量的确定，只要量出水泵进水口直径 d，即可根据式（2-1-9）~式（2-1-11）求出。

对离心泵的额定扬程可写出如下表达式：

$$H = KD_2^2 n^2$$

式中：K 为与泵结构有关的常数；D_2 为泵叶轮出口直径，m；n 为泵的额定转速，r/min。

根据统计资料：

对单级离心泵，$K \approx 0.000\,12$，所以其扬程为

$$H = 0.000\,12 D_2^2 n^2 \quad （\text{m}） \tag{2-1-24}$$

对多级离心泵单级叶轮扬程，$K \approx 0.000\,14$，所以可得

$$H = 0.000\,14 D_2^2 n^2 \quad （\text{m}） \tag{2-1-25}$$

离心泵额定转速的确定：对单级离心泵，转速随水泵进口直径的增大而减小，如表 2-1-3 所示。

表 2-1-3　离心泵进口直径和转速关系

水泵型式	单级		单级双吸				
进口直径（mm）	100 以下	150~200	200 以下	250~300	500~600	800	900 以上
转速（r/min）	2 900	1 450	2 900	1 450	970	730（或 585）	485（或 300）

综上所述，对无铭牌的离心泵，只要量出泵进口直径和叶轮外径，即可从相应公式和表 2-1-3 分别求出其额定流量、扬程和转速，方法十分简单。

27.答：在泵运行中，有时会发生泵轴沿轴向的窜动现象，引起叶轮和泵壳的相磨、打坏轴承等事故，这是为什呢？原来有一种沿泵轴方向的力作用在叶轮上，它的大小及组成

和泵型有关,这种作用叫"轴向推力"。现以卧式离心泵为例,对轴向推力的构成,计算方法和防止措施说明如下:

对闭式叶轮,作用在其上的轴向力有轴向水压力和轴向水冲力。

(1)轴向水压力:是由作用在叶轮前后轮盘上的水压力差而引起的,如图 2-1-11 所示。因为在轮盘和泵壳间的空间和叶轮出口处的水相通,所以作用在轮盘外部的水压力应该和叶轮出口处的水压力相等。但实际上,该空间的水受叶轮轮盘旋转的影响,大致以叶轮转速之半的速度旋转,因此沿轮盘半径方向的水压分布为一曲线,在后轮盘上的水压分布线为 ABCDEFA,方向指向叶轮进口。图 2-1-11 左侧为前轮盘的水压分布线,它的方向由轮前指向轮后。因此,在 D_2 和 D_1 之间,作用在前后轮盘上的水压力相互抵消,但在 D_1 和 D_3 之间进水口部分,后轮盘后面的水压大于前面的,两者之差形成一个指向水泵进口方向的轴向水压力,如图 2-1-11 右侧所示。其大小可用下列近似公式计算:

$$T_压 = K\gamma H \frac{\pi}{4}(D_1^2 - D_3^2) \tag{2-1-26}$$

式中:$T_压$ 为轴向水压力,kg;K 为试验系数,一般 $K = 0.6 \sim 0.8$;γ 为水的重度,$\gamma = 1\,000$ kg/m³;H 为水泵扬程 m;D_1、D_3 分别为叶轮进口直径和泵轴直径,m。

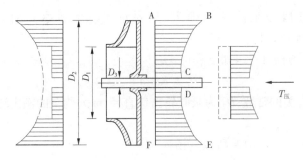

图 2-1-11　叶轮轴向水压力示意图

由上式可见,扬程 H 越高,轴向水压力越大。

(2)轴向水冲力。由于水流以轴向进入叶轮时,冲击到叶轮上后,变为径向流出。这样,叶轮就给水一个反作用力,迫使水流改变方向。这一冲击力在轴向的分力可根据物理学中的动量定律求出。它的方向和轴向水压力方向相反,由轮前进口指向轮后。其大小可根据下式确定:

$$T_冲 = \frac{\gamma Q}{g}v_1 = \frac{\gamma Q^2}{gA_0} \quad (\text{kg}) \tag{2-1-27}$$

式中:Q 为通过叶轮的流量,m³/s;v_1 为叶轮进口的水流速度,m/s;A_0 为叶轮进口断面面积,m³;γ 为水的重度,可采用 $\gamma = 1\,000$ kg/m³;g 为重力加速度,$g = 9.81$ m/s²。

由上式可见,水冲力和流量的平方成比例,当过泵流量改变时,$T_冲$ 值也发生变化。

水泵叶轮所受到的总的轴向力 T 是上述两种作用力之差,即

$$T = T_压 - T_冲 \tag{2-1-28}$$

对高扬程小流量泵,轴向水压力 $T_压$ 远大于水冲力 $T_冲$,所以 $T_冲$ 可以忽略不计,轴向推力主要由 $T_压$ 形成,方向指向泵进口;但对低扬程大流量泵,$T_冲$ 值相对较大,这时,特别

是在水泵启动过程中,由于扬程尚未形成,会出现 $T_冲 > T_压$ 的情况,轴向推力方向指向叶轮后侧,对立式泵,就形成所谓"上窜力"。

减少和消除轴向推力影响常采用的措施有:

(1)开平衡孔。在叶轮后轮盘开几个小孔,如图2-1-12所示,使轮后的高压水经过这些小孔流向进水侧,以降低轴向水压力。这种减压措施简单易行,在单吸式离心泵中广泛采用,但开孔后,由于进水侧水流较紊乱,水泵效率将降低2% ~5%。

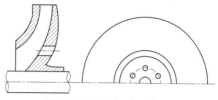

图2-1-12 平衡孔示意图

(2)装设平衡盘。对多级离心泵,轴向水压力很大,所以在末级叶轮后面设有专用的机械平衡水压装置,即平衡盘。如图2-1-13平衡盘1固定在末级叶轮后面的水泵轴上,压力水经缝隙3进入空室4后,再经平衡盘和防磨环6之间的间隙5进入减压空室7,最后经管子9流回第一级叶轮的进水侧。由于平衡盘的后面管子9和水泵第一级叶轮进水侧相通,平衡盘后面的压力等于水泵进口的压力。所以,当平衡盘左面受轴向推力时,平衡盘自行向右移动,间隙5增大并排出高压水,使轴向推力自动得到平衡,防止叶轮向左移动,以保持叶轮的正常位置。

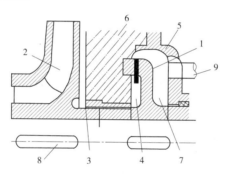

1—平衡盘;2—最后一级叶轮;3—缝隙;4—空室;
5—间隙;6—防磨环;7—减压空室;8—键;9—连接进水侧的管子

图2-1-13 DA型离心泵轴相推力平衡装置

(3)叶轮后轮盘加设肋板。如图2-1-14所示,沿后轮盘半径方向均匀布置几片肋板,当叶轮旋转时,后轮盘和泵壳间的水被肋板带动一起旋转把水向外甩,从而减少了后轮盘上的水压力。

(4)采用不同的叶轮布置方案。如采用双吸式叶轮(SH型泵)。对多级泵叶轮采用对称布置,如图2-1-15所示,理论上可完全消除轴向推力。

28.答:离心泵蜗壳过流断面形状,一般是根据断面平均流速相等的原则确定的,而从蜗壳的隔舌到出口,断面面积是逐渐增大的,即当额定流量 $Q_额$ 时,泵壳中各断面的平均流速相等,因而作用于叶轮外圆周面积上各点的水压力也相等,其方向是沿半径方向,相对叶轮来说此项水压力相互抵消,对泵轴不会形成不平衡作用力,如图2-1-16(a)所示。但当水泵不在 $Q_额$ 工作时,例如 $Q < Q_额$ 或蜗壳尺寸是按 $v_u r = $ 常数原则设计时(其中 v_u 是

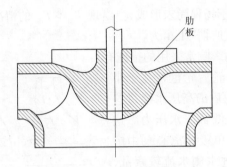

图 2-1-14　后轮盘加设助板

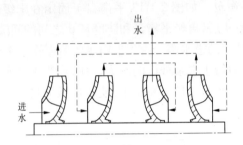

图 2-1-15　DA 型离心泵叶轮对称排列

蜗壳过水断面上任意点水流速度在圆周方向上的分速,r 是该点距泵轴心的距离),由于沿蜗壳从隔舌到出口的流速逐渐减少,所以作用在叶轮外周边的径向水压力也逐渐加大,此径向的合力作用于泵轴上,方向由蜗壳断面大端指向小端,这种径向不平衡的水压力叫作径向推力,如图 2-1-16(b)所示。当 $Q=0$,即泵出水管上的阀门关闭时,蜗壳出口端的水压力比起端更大,因此其径向推力也最大。

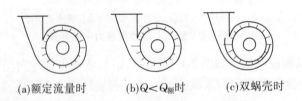

(a)额定流量时　　　　(b)$Q<Q_额$时　　　　(c)双蜗壳时

图 2-1-16　水泵径向推力示意图

当 $Q>Q_额$ 时,水沿蜗壳的流速逐渐加大,因而蜗壳出水端的水压力小于起端,径向推力则由起端指向出口端。可见径向推力大小和方向是随泵壳中流量大小而变的。径向推力可根据下式计算:

$$T_径 = KpD_2b_2 \quad (\text{kg}) \tag{2-1-29}$$

式中:K 为试验系数,一般 $K=0.36[1-(Q/Q_额)^2]$;p 为泵壳中水压,kg/cm^2,p 值可用水泵扬程 H 求出,即 $p=0.1H(H$ 的单位是米水柱高);D_2、b_2 分别为叶轮外径和包括轮盘厚度在内的叶轮出口宽度,cm。

可以看出,当 $Q=Q_{额}$ 时,$K=0$,所以 $T_{径}=0$;当 $Q=0$ 时,$K=0.36$,$T_{径}$ 值最大。K 值的大小还和泵型有关。

泵轴转速越高,径向推力作用在轴上的频率也越高,这样不仅引起口环、轴套等部件快速磨损,而且会导致泵轴的损坏,特别是对轴承跨度较大的 SH 型泵,径向推力是造成断轴事故的主要原因之一。

径向推力的消除措施,从运行角度看,水泵应尽量在额定工况及其附近工作,启动次数和时间要短,绝不能在 $Q=0$ 时长期空转。除此外,从结构上,泵轴应采用疲劳极限高的金属材料车制,泵壳可采用双蜗壳(见图 2-1-16(c)),但由于其形状较复杂,同时内外蜗壳的形状也不完全相同,所以还不能消除全部径向推力,多用于大、中型泵中。对多级离心泵,亦可采用把蜗壳相错 180° 的布置方式,消除径向推力。

29. 答:含沙量是指每立方米体积浑水中所含泥沙的质量,单位是 kg/m^3。另外,含沙量的大小也可用含沙率 ρ 表示,即在 $1\ m^3$ 体积浑水中,泥沙质量占浑水总质量的百分比。

计算公式为

$$\rho = \frac{W_{沙}}{\gamma_{浑}} \times 100\% \qquad (2\text{-}1\text{-}30)$$

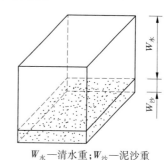

$W_水$—清水重;$W_沙$—泥沙重

图 2-1-17 $1\ m^3$ 浑水质量分解示意图

式中:$W_{沙}$ 为 $1\ m^3$ 浑水中泥沙的质量,kg/m^3;$\gamma_{浑}$ 为浑水重度,即每立方米浑水的重量,kg/m^3。浑水重度 $\gamma_{浑}$ 可根据含沙量 $W_{沙}$ 求出,如图 2-1-17 所示。

$$\gamma_{浑} = W_{沙} + W_{水} = W_{沙} + \left(\gamma_{水} - \frac{W_{沙}}{\gamma_{沙}}\gamma_{水}\right) = W_{沙} \times \left(1 - \frac{\gamma_{水}}{\gamma_{沙}}\right) + \gamma_{水} \qquad (2\text{-}1\text{-}31)$$

式中:$W_{水}$ 为 $1\ m^3$ 体积浑水中清水所占质量,kg;$\gamma_{水}$ 为清水重度,一般 $\gamma_{水}=1\ 000\ kg/m^3$;$\gamma_{沙}$ 为泥沙重度,一般 $\gamma_{沙}=2\ 650\sim2\ 700\ kg/m^3$。

如果将 $\gamma_{水}=1\ 000\ kg/m^3$,$\gamma_{沙}=2\ 700\ kg/m^3$ 代入式 (2-1-31) 得

$$\gamma_{浑} = 1\ 000 + 0.63 W_{沙}$$

将其代入式 (2-1-30) 中得

$$\rho = \frac{W_{沙}}{1\ 000 + 0.63 W_{沙}} \times 100\% \qquad (2\text{-}1\text{-}32)$$

根据式(2-1-32)即可从含沙量 $W_{沙}$ 中求出以百分比表示的含沙率 ρ,反之,可由 ρ 求出 $W_{沙}$。

含沙量对水泵工作参数有显著影响,随着过泵水中含沙量的增大,水泵流量减小,功率增大和效率下降。根据室内试验和现场观测,水中含沙量 ρ 和水泵流量 Q、扬程 H、轴功率 N 和效率 η 有下列关系:

$$Q_{\rho} = (1 - 0.018\rho)Q_0 \qquad (2\text{-}1\text{-}33)$$

$$H_{\rho} = (1 - 0.002\ 5\rho)H_0 \qquad (2\text{-}1\text{-}34)$$

$$N_\rho = (1 + 0.003\rho)N_0 \quad (\rho < 7\%)$$
$$N_\rho = (0.85 + 0.022\rho)N_0 \quad (8\% < \rho < 15\%)$$
(2-1-35)

$$\eta_\rho = (1 - 0.0143\rho)\eta_0 \quad (\rho \leqslant 5\%)$$
$$\eta_\rho = (1.12 - 0.032\rho)\eta_0 \quad (\rho > 5\%)$$
(2-1-36)

式中:Q_0、H_0、N_0 和 η_0 分别为 $\rho = 0$(清水)时水泵效率最高点对应的流量、扬程、功率和效率值;Q_ρ、H_ρ、N_ρ 和 η_ρ 分别为含沙率为 ρ(以百分数表示)时,效率最高点所对应的流量、扬程、功率和效率。

例如当 $\rho = 10\%$ 时,可分别求出:$Q_{\rho=10\%} = 0.82Q_0$,即流量减小 18\%;$N_{\rho=10\%} = 1.07N_0$,即功率增大 7\%;$\eta_{\rho=10\%} = 0.8\eta_0$,即效率降低 20\%。

综上所述,当 $\rho < 5\%$,它对水泵各工作参数的影响很小,但当 $\rho = 10\%$ 时,效率低达 20\%,所以从运行经济考虑,控制含沙率最好不超过 5\% ~ 7\%,最大不要超过 10\%(这时含沙量约为 106.6 kg/m³,浑水密度 1 067 kg/m³)。

30. 答:离心泵的轴承多用膏状黄油油脂润滑,但由于其牌号较多,如选用不当,不仅起不到对轴承的润滑减磨作用,增大了功率损耗,而且会使轴承提前损坏,造成事故。

常用的润滑黄油有两种,一种是钙基黄油,牌号是 ZG,它不溶解于水,因此适合于在水泵轴承中使用;但它的耐热性较差,当油温超过 70 ℃ 时,其中的皂质和油质便有分离的危险,因此在使用时要注意气温升值。另一种是钠基黄油,由于它能溶解于水,所以不适合水泵轴承采用,但它能耐高温(可达 125 ℃),适用于农用电动机的轴承中。

怎样鉴别是钙基黄油还是钠基黄油呢?最简单的方法就是,把少许黄油放入水中,用手指搓捏,如不起泡沫又不乳化,黏结成粒不溶于水就是钙基黄油。另外在采购时,一定要问清楚黄油的牌号;买好后应按上述手搓法进行检查。使用钙基黄油应注意以下几个方面:

(1)油脂必须纯净,呈软膏状,盛装油脂的容器应清洁,并妥为保管。

(2)钙基黄油溶化后即失去润滑作用,所以不能把溶油再倒回轴承箱中。

(3)当检修轴承时,要用干净的板片等刮去轴上的旧油,再用纯净的汽油或柴油洗净;在装配时,所用工具要清洁,严防砂粒、铁屑等杂物掉入。

(4)在未洗去油中的硬质杂质前,不要转动轴承,以免杂物擦伤滚珠、滚道。

(5)滚珠轴承中,黄油不宜加得过多,以免散热不良,轴承发生故障。一般应加至轴承箱的 2/3 为好。

五、计算题

1. 解:该水泵的扬程为

$$H = \frac{p_1 - p_2}{\gamma} + H_净 + h_损 = \frac{2 \times 1.013 \times 10^5}{1 \times 10^3 \times 9.8} + 30 + 3 = 53.67(m)$$

2. 解:

$$H = H_{ST} + h_w = H_{ST} + (S_1 + S_2)Q^2 = 13 + (7.02 + 17.98) \times 0.360^2 = 16.24(m)$$
$$N = N_P\eta_P\eta_C = 75 \times 0.92 \times 1.00 = 69(kW)$$

$$\eta = \frac{\gamma QH}{N} = \frac{9.81 \times 0.360 \times 16.24}{69} = 83.12(\%)$$

3. 解:水泵的轴功率 $N = 79 \times 0.92 = 72.68(kW)$

水泵的扬程

$$H = H_{净} + h_{损} = 21.0 - 8.0 + \left(\frac{360}{1\,000}\right)^2 \times (17.98 + 7.02) = 16.24(m)$$

水泵的效率

$$\eta = \frac{9.8QH}{N} = \frac{9.8 \times 0.36 \times 16.24}{72.68} \times 100\% = 78.6\%$$

4. 解:对于真空表处和压力表处两个截面,假定真空表出水平位置为基准线,由能量守恒可得

$$\frac{v_1^2}{2g} + \frac{p_1}{\gamma} + H_{扬} = \frac{v_2^2}{2g} + \frac{p_2}{\gamma} + H_{净}$$

$$H_{扬} = \frac{v_2^2}{2g} + \frac{p_2}{\gamma} + H_{净} - \frac{v_1^2}{2g} - \frac{p_1}{\gamma} = \frac{\left(\frac{4Q}{\pi D_2^2}\right)^2}{2g} + \frac{p_2}{\gamma} + H_{净} - \frac{\left(\frac{4Q}{\pi D_1^2}\right)^2}{2g} - \frac{p_1}{\gamma}$$

$$= \frac{\left(\frac{4 \times 468}{\pi \times 0.2^2 \times 3\,600}\right)^2}{2 \times 9.8} + \frac{2\,256}{9.8} + 30 - \frac{\left(\frac{4 \times 468}{\pi \times 0.25^2 \times 3\,600}\right)^2}{2 \times 9.8} - \frac{101 - 58.7}{9.8}$$

$$= 256.4(m)$$

5. 解:所求运行扬程 $H = H_{净} + h_{损}$

$$h_{损} = h_f + h_j = 1.25h_f = 1.25\lambda \frac{l}{D} \frac{v^2}{2g} = 1.25 \frac{8g}{C^2} \frac{l}{D} \frac{v^2}{2g} = 1.25 \frac{8g}{\frac{R^{\frac{1}{6}}}{n}} \frac{l}{D} \frac{v^2}{2g}$$

$$= 1.25 \frac{64ln^2 Q^2}{\pi^2 D^5 \left(\frac{D}{4}\right)^{\frac{1}{3}}} = 1.25 \times \frac{64 \times 280 \times 0.013^2 \times \left(\frac{150}{3\,600}\right)^2}{\pi^2 \times 0.2^5 \times \left(\frac{0.2}{4}\right)^{\frac{1}{3}}}$$

$$= 5.7(m)$$

所以扬程 $H = H_{净} + h_{损} = 30 + 5.7 = 35.7(m)$

6. 解:吸水管计算:

$$v_1 = \frac{4Q}{\pi D_1^2} = \frac{4 \times 0.16}{3.14 \times 0.4^2} = 1.27(m/s)$$

$$h_{f1} = \lambda_1 \frac{l_1}{D_1} \frac{v_1^2}{2g} = 0.028 \times \frac{30}{0.4} \times \frac{1.27^2}{2 \times 9.81} = 0.17(m)$$

压水管计算:

$$v_2 = \frac{4Q}{\pi D_2^2} = \frac{4 \times 0.16}{3.14 \times 0.35^2} = 1.66(m/s)$$

$$h_{f2} = \lambda_2 \frac{l_2}{D_2} \frac{v_2^2}{2g} = 0.029 \times \frac{200}{0.35} \times \frac{1.66^2}{2 \times 9.81} = 2.33(m)$$

总水头损失为

$$\sum h = h_{f1} + h_{f2} + 2 = 0.17 + 2.33 + 2 = 4.5(m)$$

$$H_{ST} = 74.50 - 32.00 + 20.00 = 62.50(m)$$

$$H = H_{ST} + \sum h = 62.50 + 4.50 = 67.00(m)$$

$$N_u = \gamma QH = 9.81 \times 0.16 \times 67.00 = 105.16(kW)$$

$$N = \frac{N_u}{\eta} = \frac{105.16}{0.7} = 150.23(kW)$$

第二章　叶片泵理论参考答案

一、填空题

1. 几何相似,运动相似,动力相似
2. 欧拉方程
3. 水泵基本特性曲线,通用特性曲线,相对特性曲线,综合特性曲线(型谱图),全面特性曲线
4. 泵的额定工作点,抽水系统供需能量的平衡点
5. 相对速度角
6. 绝对速度角
7. 85.5

二、单选题

1. D;2. B;3. A;4. B;5. C;6. C;7. C;8. D;9. B;10. B; 11. D;12. A;13. C;14. A;15. D;16. D;17. C;18. A;19. C;20. B;21. B; 22. C;23. B;24. B;25. D;26. A;27. B;28. D;29. A;30. C;31. D

三、多选题

1. ABCD;2. ABC;3. ABCD;4. ABD;5. AB

四、简答题

1. 答:管路性能表达式为 $H = H_净 + KQ^2$;假定净水头固定不变为一常数,则曲线 $Q \sim H_净$ 是在纵坐标为 $H_净$ 的一条水平线叠加上对应流量 Q 时的管路损失水头 $h_损$(它与 Q 的平方成比例,为一抛物线)。显然,需要扬程 H 随通过管中的流量 Q 的增大而增大,它是一条上升曲线,即在 $H_净 =$ 常数的水平线上,对应加上管路阻力曲线 $Q \sim h_损$。

2. 答:比转速的物理意义是指泵在高效率下,有效效率为马力,扬程为 1 m,则 $Q = 75N/H = 0.007\ 5$ m³/s 时,模型泵的转速叫原型泵的比转速。比转速也有重要的实用意义:①同一轮系的泵在效率最高时的比转速是相等的,不同轮系其 n_s 不同,其型状和性能也不同,使用条件也有所差异,这样可以用 n_s 值对泵进行分类;②可以利用比转速进行初选水泵,通过比转速的计算可确定泵型是属于离心泵、轴流泵还是混流泵;③比转速的大小还可以定性地告诉我们,对同一类型的泵,比转速越小流量就小而扬程高,反之也成立。

比转速计算公式如下:

$$n_s = \frac{3.65n\sqrt{Q}}{H^{3/4}}$$

3. 答:离心泵运行时候的扬程一般通过以下方法,即通过测出泵进、出口处的压力,再根据所测流量求出进、出口断面的平均流速,据此列出两个断面的能量方程,根据能量平衡可求出泵的扬程 H。

4. 答:① 对于后弯式叶片,$\beta_{2e} < 90°$,$\cot\beta_{2e}$ 为正值,动能所占比例小于一半;②对于径向式叶片,$\beta_{2e} = 90°$,$\cot\beta_{2e} = 0$,动能占总能量的一半;③对于前弯式叶片,$\beta_{2e} > 90°$,$\cot\beta_{2e}$ 为负值,动能所占的比例大于一半。

综上所述:后弯式叶片动能所占比例最小,径向式次之,前弯式最大。

离心式叶轮均采用后弯式叶片原因是:一是后弯叶片能减少阻力,减轻启动时对叶的冲击;二是后弯能够与液体有大面积接触,同时保持对液体的最大推力;三是后弯能适应水的流态,减轻水流对叶片的冲击和水流的汽蚀。

5. 答:①离心泵的功率性能曲线,是一条缓慢上升的近似直线,其关死功率最小,为了轻载启动和停机,故在启动和停机前应首先关闭出水管闸阀。②轴流泵的功率性能曲线,是一条快速下降的上凸抛物线,其关死功率最大,为了避免错误的操作方式引起的动力机严重超载,轴流泵的抽水装置上不允许设置任何阀门。

6. 答:液体在水流中的运动是一种复合运动,进入叶轮中的水一方面随叶轮旋转做圆周运动,另一方面沿叶轮槽道做相对运动,两种流动的几何相加就形成了水流质点的绝对运动。

叶轮入口:当水流轴向流入后,即以径向绝对速度 c_1 进入叶轮,随后便获得一与圆周相切的牵连速度,另一方面叶轮槽道相对运动,两种运动的几何相差就为相对速度。

叶轮出口:当水流径向流出时,相对速度 w_2 将沿着叶片切线方向流出,叶轮出口的圆周速度为 u_2,此两项速度之和为其绝对速度。

7. 答:叶片泵的基本方程式——欧拉方程 $H_{ex} = u_2^2/g - u_2 Q_t/(g_A^2 t)$。

它反映了叶轮中每单位液体所获能量,即理论扬程与轮中水流出口速度有关。该方程仅仅与进、出口速度三角形有关,与液槽内流动情况无关,因此适用于一切叶片泵。该方程与抽送液体的种类无关,因此适用于一切液体。当有限叶片时,$H_t = H_{t\infty}/H_p$(H_p 是修正系数)对于离心泵而言一般有 $C_{1u} = 0$,$H_{t\infty} = u_2 c_{2u}/g$。

8. 答:启动之前要充满水主要是排除管道内的气体,创造一个真空环境,形成一个大的压差,使得水能从低处被压上来。如果不充满水直接启动水泵,那么水泵就一直抽着管道内的气体,由于水的质量远比空气质量大,所以外界的大气压不能压着水流向上走,致使水泵不能正常地抽水工作。

还可以这样理解:由于在系统启动时,管路常常为空管,没有管阻压力,这样会造成泵在一定转速下启动时的开始短时间内由于没有阻力,会偏大流量运转,常常出现泵振动、噪声,甚至电机超负荷运转,将电机烧毁。关闭出口阀,等于人为地设置管阻压力,水泵正常运转后,缓慢启动阀门,让泵沿其性能曲线规律逐步正常工作。

9. 答:(1)基本性能曲线:水泵一般是在一定的转速下运行,在泵转速 n 不变的情况下,用试验方法分别测算出通过泵每一流量 Q 下的泵扬程 H、轴功率 N、效率 η 和汽蚀余量 $NPSH$ 值,绘出四条 $Q \sim H$、$Q \sim N$、$Q \sim \eta$、$Q \sim NPSH$ 四条曲线,该组曲线称为泵的基本性能曲线。

（2）相对性能曲线：为了比较不同比转速泵的 $Q \sim H$ 曲线形态的变化，可将其转化为以额定流量 $Q_{额}$、额定扬程 $H_{额}$ 的百分数为横、纵坐标的相对性能曲线。

（3）通用性能曲线：如果用不同的转速分别对泵进行试验，即可得到一系列 $Q \sim H$ 曲线，把这些特性曲线画在同一坐标纸上，并在各曲线上标出其相应的效率值，用平滑的曲线把各等效率点连接起来，就得到一组 $Q \sim H$ 曲线和等效率曲线，称为泵的通用性能曲线。

（4）综合性能曲线：如果把同一型号不同规格泵的 $Q \sim H$ 曲线的高效率区绘在同一对数坐标纸上，就可得出一张反映该型泵应用范围的综合性能曲线。

（5）全面性能曲线：反映叶片泵的工作参数间的关系曲线称为全面性能曲线。

10. 答：水泵相似率是指在相似条件下，研究水泵工作参数和几何参数间所具有的特殊性质。可以根据泵参数之间的相互关系及变化规律，用于解决水泵设计、选型、试验和应用中的各种实际问题，特别是用于解决泵模拟参数的换算问题。

11. 答：不改变。因为比转速是按原型泵尺寸缩小或放大并根据相似特性公式求出的模型泵的转速，所以同一轮系当运动相似时，根据各自对应的 Q、H 和 n 值代入公式求出的 n_s 值必然相等。

12. 答：不一定。比转速相等是几何相似的必要条件，而不是充分条件。

13. 答：会发生变化。因为泵的特性曲线的绘制都是在转速不变的情况下，用试验方法测得数据绘制而成的，转速一旦发生变化，则曲线都会发生相应的变化。

随着 n_s 增大，$Q \sim H$ 曲线陡降；其轴功率 N 随 Q 增大而增大，并逐渐平缓和下降；对于效率，随着 n_s 增大，曲线越来越陡。

14. 答：比转速的物理意义是指泵在高效率下，有效效率为马力，扬程为 1 m，则 $Q = 75N/H = 0.007\ 5\ \mathrm{m^3/s}$ 时，模型泵的转速叫原型泵的比转速。

比转速计算公式如下：

$$n_s = \frac{3.65n\sqrt{Q}}{H^{3/4}} \tag{2-2-1}$$

同一轮系的泵在效率最高时的比转速是相等的，不同轮系其 n_s 不同，其型状和性能也不同，使用条件也有所差异，这样可以用 n_s 值对泵进行分类。

五、计算题

1. 解：比转速为

$$n_s = \frac{3.65n\sqrt{Q}}{H^{3/4}} = \frac{3.65 \times 1\ 450 \times \sqrt{730 \div 7\ 200}}{10^{3/4}} = 300$$

答：其比转数为 300。

2. 解：$n_s = \dfrac{3.65n\sqrt{Q}}{H^{3/4}} = 3.65 \times \dfrac{2\ 950 \times \sqrt{25.81/3\ 600}}{(480/10)^{3/4}} = 50$

答：其比转数为 50。

3. 解：若该水泵的级数为 a。

$$n_s = \frac{3.65 \times n \times \sqrt{Q}}{H^{\frac{3}{4}}} = \frac{3.65 \times 2\,950 \times \sqrt{\dfrac{72}{3\,600}}}{\left(\dfrac{128}{a}\right)^{\frac{3}{4}}} = 40 \times a^{\frac{3}{4}}$$

n_s 属于 75 ~ 100,则 a 取为 3。

水泵的轴功率为

$$N = \frac{9.81QH}{\eta} = \frac{9.81 \times \dfrac{72}{3\,600} \times 128}{0.85} = 29.54(\text{kW})$$

4. 解:对于相似泵有

$$\frac{H_1}{H_2} = \frac{n_1^2 D_1^2}{n_2^2 D_2^2} \tag{2-2-2}$$

$$\frac{Q_1}{Q_2} = \frac{n_1 D_1^3}{n_2 D_2^3} \tag{2-2-3}$$

联立求解式(2-2-2)、式(2-2-3)可得

$$H_2 = H_1 \frac{n_2^{4/3} Q_1^{2/3}}{n_1^{4/3} Q_2^{2/3}} = 80 \times \left(\frac{1\,450}{1\,250}\right)^{4/3} \times \left(\frac{10}{12}\right)^{2/3} = 86.34(\text{m})$$

有效功率 $P = 9.81QH = 9.81 \times 86.34 \times 12 = 10.16(\text{kW})$

5. 解:理论扬程:

$$H_{t\infty} = \frac{1}{g}(u_2 c_{2u} - u_1 c_{1u}) = \frac{1}{g}(u_2 c_2 \cos\alpha_2 - u_1 c_1 \cos\alpha_1) \tag{2-2-4}$$

出水处圆周速度:

$$u_2 = \frac{1\,480 \times 0.4 \times 2\pi}{60 \times 2} = 31(\text{m})$$

出水处相对速度:

$$w_2 = \frac{Q}{A_2 \sin\beta_2} = \frac{4 \times 0.11}{\pi \times 0.22^2 \times \sin 22.5°} = 7.56(\text{m/s})$$

又已知安装角为 22.5°,所以可求出水处绝对速度:

$$c_2 = \sqrt{u_2^2 + w_2^2 - 2u_2 w_2 \cos\beta_2} = \sqrt{31^2 + 7.56^2 - 2 \times 31 \times 7.56\cos 22.5°} = 24.2(\text{m/s})$$

由正弦定理可知出口绝对速度角:

$$\alpha_2 = \arcsin\frac{7.56 \times \sin 22.5°}{24.2} = 6.9°$$

入口处圆周速度:

$$u_1 = \frac{1\,480 \times 2\pi \times 0.22}{60 \times 2} = 17(\text{m/s})$$

入口处绝对速度:

$$c_1 = \frac{4 \times 0.11}{\pi \times 0.4^2} = 0.88(\text{m/s})$$

因是径向进水,所以 $\alpha_1 = 90°$,代入理论扬程公式可得 $H_{t\infty} = 75.98(\text{m})$。

第三章 叶片泵工况的确定参考答案

一、填空题

1. 运动相似,动力相似
2. $Q \sim H$, $Q \sim H_{需}$
3. 水泵工况,制动工况,水轮机工况

二、单选题

1. C;2. B; 3. B;4. A;5. B;6. A;7. A;8. D;9. B;10. B。

三、多选题

1. ABCD

四、简答题

1. 答:设计工况(即额定工况)是厂家设计水泵时的最佳工况,最佳工况是实际运行过程中水泵效率最高的工况,一般工况即是水泵实际运行时的实际工况。

2. 答:图解法。在同一抽水系统中,泵的 $Q \sim H$ 曲线为一下降曲线,对一台泵,其形状不变;管路特性曲线为一上升曲线,它说明,当 $H_净$ 不变时,通过管中的流量越大,扬程所需要的能量也越大,它和水泵无关。但在同一抽水系统中,这一所需扬程要靠水泵提供,如果把这两条曲线以同一比例画在一张坐标纸上,必然有一交点,这一交点称为该抽水系统的泵的工作点。

3. 答:水泵在设计时是以某一确定的水位来设计泵的安装高程的,而水泵工作时水位是处在不断的变化状态的。水泵的 H_{sr} 和 $(NPSH)_{sr}$ 以及 $H_{允许}$ 都是以额定转速为前提,而 H_{sa} 又是在规定的标准情况下求得的。当实际情况与这些条件不符合时,则须进行相应的换算。换算后,效率降低。

4. 答:泵的全特性曲线共分八个工况区,即两个水泵工况,两个水轮机工况和相互间隔的四个制动耗能工况。

Ⅰ区:水泵工况区,位于第Ⅰ象限,此时动力机作用在泵轴上的转矩方向为泵的正转方向。

Ⅴ区:倒转水泵工况区,位于第Ⅳ象限,此时动力机作用在泵轴上的转矩与正转速方向相反。

Ⅲ区:水轮机工况,位于第Ⅲ象限,此时动力机转矩方向与泵正转方向相同。

Ⅶ区:反转水轮机工况,位于第Ⅰ象限。

Ⅱ、Ⅳ、Ⅵ、Ⅷ区:制动耗能工况。

5.答:水泵运行工作点随水泵的性能、管路性能、进出水池的水位差三种因素而改变。其中任意一因素变化,水泵的工作点都随之改变,水泵装置的工况点实际上是在一个相当幅度的区间内游动着。

6.答:泵的串联运行是指前一台(第一级)泵的出水管接在后一台(第二级)泵的进水管,依次相接,由最后一台泵(末级)将水压送至出水管路。这种装置形式多用在扬程较高而一台泵压力不足时,或在长距离输水、输油管线上作加压之用。

7.答:方法一:把单泵的扬程性能曲线 $Q_1 \sim H_1$ 横向放大一倍得到两台同型号泵并联运行的扬程性能曲线 $Q \sim H$,与抽水装置特性曲线 R 的交点 A 就是两台同型号泵并联运行的工作点,过该点做水平线,与单泵扬程性能曲线的交点 A_1 就是两台同型号泵并联运行单泵的工作点,见图2-3-1。

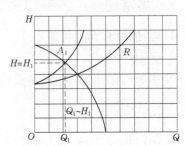

图2-3-1　图解法确定工作点

或方法二:绘制出两台同型号泵并联运行单泵的抽水装置特性曲线 R_1,与单泵的扬程性能曲线 $Q_1 \sim H_1$ 的交点 A_1 就是两台同型号泵并联运行单泵的工作点。

(备注:两种方法,答一个即可以)

8.答:泵的 $Q \sim H$ 曲线为一下降曲线,对一台泵,其形状不变,管路特性曲线为一上升曲线,它说明只 $H_{净}$ 不变时,通过管中的流量越大,扬水所需的流量也越大,它和水泵无关。但在同一抽水系统中,这一所需的扬程要靠水泵提供,如果把这两条曲线以同一比例画在一张坐标纸上,必然有一个交点,这一交点称为该抽水系统的泵的工作点。

泵在实际运行过程中,流量和扬程往往会发生变化,使泵的实际运行工作点不同于理论设计时的工作点。

五、计算题

1.解:(1)由题可得,联立 $Q \sim H$ 曲线和管道系统特性曲线
$$\begin{cases} H = 45.833 - 4\,583.333Q^2 \\ H = 10 + 17\,500Q^2 \end{cases}$$
得 $H = 38$ m,$Q = 0.04$ m³/s。

(2)由题意可求得相似抛物线 $H = CQ^2$。将 $H = 23.1$ m,$Q = 0.028$ m³/s 带入求得 $C = 29\,464.28$,则相似抛物线方程为 $H = 29\,464.28Q^2$,与原 $Q \sim H$ 曲线联立可得相似工况点 $Q' = 0.037$ m³/s,$H' = 40.34$ m,则可由 $\dfrac{Q_1}{Q_2} = \dfrac{n_1}{n_2}\left(\dfrac{D_1}{D_2}\right)^3$,$\dfrac{H_1}{H_2} = \left(\dfrac{n_1}{n_2}\right)^2\left(\dfrac{D_1}{D_2}\right)^2$ 联立可得 $n_2 = 719$ r/min。

(3)在转速 n_2 的情况下的 $Q \sim H$ 曲线是转速 n_1 情况下的相似抛物线,则可设在转速 n_2 情况下的 $Q \sim H$ 曲线为
$$H_2 = a - 4\,583.333Q_2^2$$
将 $H = 23.1$ m,$Q = 0.028$ m³/s 带入上式求得 $a = 26.693$,则在转速 n_2 的情况下的

$Q \sim H$ 曲线为

$$H_2 = 26.693 - 4\,583.333Q_2^2$$

2. 解:由题可得两台泵工况相似,则可由 $\dfrac{Q_1}{Q_2} = \dfrac{n_1}{n_2}\left(\dfrac{D_1}{D_2}\right)^3$, $\dfrac{H_1}{H_2} = \left(\dfrac{n_1}{n_2}\right)^2\left(\dfrac{D_1}{D_2}\right)^2$ 联立可得 $H_2 = 82.78$ m。

3. 解:依题意将各数据代入公式 $n_s = 3.65\,\dfrac{n\sqrt{Q}}{H^{3/4}}$ 整理后可得 $H = 191$ m。

4. 解:依题意,可在效率最高点附近取三点进行曲线拟合

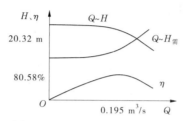

图 2-3-2 $Q \sim H$、$Q \sim H_{需}$、η 曲线

由图 2-3-2 可知扬程为 20.32 m、效率为 80.58% 、流量为 0.195 m^3/s,则功率为 $P = \dfrac{\gamma QH}{\eta} = 48.19$ kW。

5. 解:(1)根据管道系统特性曲线方程绘制管道系统特性曲线:

图解(见图 2-3-3)得交点 $A(40.2, 38.28)$,即 $Q_A = 40.2$ L/s,$H_A = 38.28$ m。

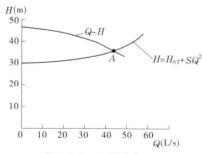

图 2-3-3 图解法求 Q_A、H_A

(2)流量下降 33.3% 时,工况点移动到 B 点,则 $Q_B = (1 - 0.333)Q = 26.93$ L/s,由图中查得 $H_B = 22.69$ m,特性曲线计算如表 2-3-1 所示。

表 2-3-1　抽水装置特性曲线计算

流量 Q（L/s）	0	10	20	26.93	30	40	40.2	50
扬程 H（m）	10.00	11.75	17.00	22.69	25.75	38.00	38.28	53.75

相似工况抛物线方程为

$$H = KQ^2 = \frac{H_B}{Q_B^2}Q^2 = \frac{22.69}{26.93^2}Q^2 = 0.031\ 29Q^2$$

(3)绘制 $H = KQ^2$ 曲线:抛物线计算如表 2-3-2 所示。

表 2-3-2　相似工况抛物线计算

流量 Q(L/s)	0	10	20	30	35.75	40
扬程 H(m)	0	3.13	12.52	28.16	39.99	50.06

$H = KQ^2$ 曲线与 $Q \sim H$ 曲线的交点为 $A_1(35.75, 39.99)$,即 $Q_{A_1} = 35.75$ L/s,$H_{A_1} = 39.99$ m,则根据比例律有

$$\frac{n_2}{n_1} = \frac{Q_B}{Q_{A_1}}$$

则　　　　　　　$n_2 = \frac{Q_B}{Q_{A_1}}n_1 = \frac{26.93}{35.75} \times 950 = 716\ (\text{r/min})$

第四章 叶片泵工作状况的调节参考答案

一、填空题

1. 变径调节,变速调节,变压调节,分流调节,节流调节
2. 不改变泵的转速和结构

二、单选题

1. A;2. A;3. C;4. B;5. A; 6. C;7. C

三、简答题

1. 答:泵常用的变速调节方式为直流电机驱动、汽轮机驱动、变速电动机驱动及恒速电动机可以改变转速的机构（如液力联轴器）驱动。

直流电动机变速简单,但是价格昂贵,且需要直流电源,只适合实验室使用,对于现场生产不合适;汽轮机驱动的优点是运行经济性高,便于调节,缺点是汽轮机造价高,设备复杂,一次投资高;采用改变转速的传动机构可无级变速,但它的缺点是有一定的传动损失,且添置专门设备增加了成本;变速电动机的驱动调速效率高,调速范围大,缺点也是投资大。

2. 答:工况调节:采用变更水泵的 $Q \sim H$ 曲线和管路特性曲线的方法改变工作点为工况调节。目的:满足用水要求和经济合理的需要,以提高装置效率,达到降低能耗、提高效率的目的。

3. 答:(1)变径调节。

使用条件:不改变水泵的转速和结构,仅将叶轮外径 D_2 适当车削减小,以改变水泵的工作点,称为变径调节。

(2)变速调节。

利用改变水泵转速的方法达到改变泵工作点的目的称为变速调节。

(3)变压调节。

变压调节主要用于立式或卧式多级离心泵,即利用减少叶轮级数的方法,降低水泵扬程,提高运行效率,以达到经济运行的目的。

(4)节流调节。

当出水管路上装有闸阀时,可通过改变出水管路上的闸阀开启度以调节泵的工作点。

(5)分流调节。

利用出水管路上的支管分出部分流量以调节泵的工作点。

四、计算题

1.解:(1)水泵的扬程

$$H = H_{净} + H_{损}$$

$$H_{净} = 20.0 - 6.0 = 14.0(m)$$

$$H_{损} = SQ^2$$

则进水管水力损失为 $H_{进损} = 2.3\ m$,$H_{出损} = 6.5\ m$,$H = 22.8\ m$。

轴功率:因为电动机与水泵直联,所以电动机的输入功率即为水泵的轴功率,即

$$N_{轴} = 79 \times 92\% = 72.68(kW)$$

效率为

$$\eta = \frac{N_{效}}{N_{轴}} \times 100\% = \frac{\gamma QH}{1\ 000 N_{轴}} \times 100\%$$

$$= \frac{9\ 800 \times \frac{0.36}{2} \times 22.8}{1\ 000 \times 72.68} \times 100\% = 55.3\%$$

(2)根据车削公式 $N_1 = N\left(\frac{D_1}{D}\right)^3$ 得车削后泵设计点的轴功率 $N_1 = 59\ kW$。

2.解:设车削后的参数下标为1,根据车削公式可得

$$Q_1 = Q\frac{D_1}{D} \qquad H_1 = H\left(\frac{D_1}{D}\right)^2 \qquad N_1 = N\left(\frac{D_1}{D}\right)^3$$

解得 $Q_1 = 74\ L/s$,$H_1 = 15.7\ m$,$N_1 = 13.5\ kW$,效率和转速不变。

第五章　叶片泵汽蚀及安装高程的确定参考答案

一、填空题

1. 总水头,相应的汽化压力水头
2. 汽蚀余量
3. 下降
4. 水泵性能恶化,过流部件的损坏,振动和噪声
5. 差;小于或等于

二、单选题

1. A;2. A;3. D;4. B;5. B;6. B;7. A;8. D; 9. B;10. C;11. B;12. A;13. A; 14. B;15. D; 16. D

三、多选题

1. ABC;2. ABCD;3. ABCD;4. ACD;5. ABCD

四、简答题

1. 答:水泵在运行中,如果泵内液体局部位置的压力降低到水的饱和蒸汽压力时,水就开始汽化生成大量的气泡,气泡随水流运动,流入压力较高的部位时,迅速凝结、破灭。泵内水流气泡的生成、破灭过程涉及许多物理、化学现象,并产生噪声,振动和对过流部件材料的侵蚀作用,这就是水泵的汽蚀。汽蚀的实质即是水的汽化所产生的侵蚀。

2. 答:发生汽蚀的危害有:①使水泵性能恶化。泵内发生汽蚀时,大量的气泡破坏了水流的正常流动规律,流道内过流面积减小,流动方向改变,因而叶轮和水流之间能量交换的稳定性遭到破坏,能量损失增加,从而引起水泵流量、扬程和效率的迅速下降,甚至达到断流状态。②损坏过流部件。当气泡被水流带到高压区迅速凝结、溃灭时,气泡周围的水流质点高速地向气泡中心集中,产生强烈的冲击。③振动和噪声。当气泡凝结、溃灭时,产生压力瞬时升高和水流质点间的撞击以及对泵壳和叶轮的打击,使水泵产生噪声和振动现象。

3. 答:(1)选择适宜的进水部分几何形状和参数。

(2)采用双吸式或降低转速。

(3)加设诱导轮,制造超汽蚀泵,在离心泵的叶轮前面加设诱导轮。

(4)选择抗汽蚀性较强的材料。

4. 答:泵的尺寸越大,根据相似关系,可知流量越大,则在管道内的水头损失也越大,使有效汽蚀余量变小,从而泵的抗汽蚀性能越差。

5. 答:泵进口处的水流除压力水头要高于汽化压力水头外,水流的总水头应比汽化压力水头有多少富余,才能保证泵内不发生汽蚀,我们把这个水头富余量称为汽蚀余量,即

$$NPSH = \frac{p_{进}}{\gamma} + \frac{v_{进}^2}{2g} - \frac{p_{汽}}{\gamma}$$

有效汽蚀余量是水流从进水池吸水管到达泵进口时,单位重量的水所具有的总水头减去相应水温的汽化压力水头后的剩余水头,即

$$(NPSH)_a = \Delta h_a = \frac{p_{大气}}{\gamma} - H_{吸} - h_{吸损} - \frac{p_{汽}}{\gamma}$$

必需汽蚀余量是对于给定的泵,在给定的转速和流量下,保证泵内不发生汽蚀,必需具有的汽蚀余量,即

$$(NPSH)_r = (NPSH)_a - \frac{\Delta p_k}{\gamma} = \frac{p_{进}}{\gamma} + \frac{v_{进}^2}{2g} - \frac{p_k}{\gamma}$$

临界汽蚀余量是当 k 点的压力降低到当时水温的汽化压力,即 $p_k = p_{汽}$ 时,汽蚀安全量等于零,水就开始汽化,泵内即开始发生汽蚀,在这种临界状态下的汽蚀余量称为临界汽蚀余量,即

$$(NPSH)_{cr} = (NPSH)_a = (NPSH)_r = \frac{\Delta p}{\gamma}$$

允许汽蚀余量是为了保证泵内不发生汽蚀,根据实践经验人为规定的汽蚀余量,即
$$(NPSH)_{sr} = (NPSH)_{cr} + 0.3$$

为了保证泵工作时不发生汽蚀的一个必要条件是有效汽蚀余量要大于必需汽蚀余量。

6. 答:进口的绝对压力 $p_{进}$ 与大气压力 $p_{大气}$ 的差值为其真空度,用 H_s 表示,并称为水泵的吸上真空高度,即

$$H_s = \frac{p_{大气}}{\gamma} - \frac{p_{进}}{\gamma} = H_{吸} + \frac{v_{进}^2}{2g} + h_{吸损}$$

测出泵内开始出现汽蚀时泵进口处的真空高度,该值称为临界吸上真空高度 H_{sa}。

允许吸上真空高度 H_{sa} 是保证泵内压力最低点不产生汽蚀时,泵进口处允许的最大真空度,即

$$H_{sa} = 10 - (NPSH)_{sr} + \frac{v_{进}^2}{2g}$$

7. 答:水泵允许吸上真空高度是以额定转速为前提,在规定的标准状况下(即标准大气压和水温 20 ℃)求得的。

大气压力和水温的修正:$H'_{sa} = H_{sa} - 10 + \frac{(p'_{大气} - p'_{汽})}{\gamma}$

转速修正:$H''_{sa} = 10 - (10 - H_{sa}) \cdot \frac{n'^2}{n^2}$

8. 答:要使泵内部发生汽蚀,必须使有效汽蚀余量大于或等于允许汽蚀余量。样本上绘出的水泵允许吸上真空高度 H_{sa} 即为在标准状况(即标准大气压和水温 20 ℃)下,泵在额定转速下运行时,使有效汽蚀余量刚好等于允许汽蚀余量的吸上真空高度。

二者的转换关系是吸上真空高度 $H_{sa} = 10 - (NPSH)_{sr} + \dfrac{v_{进}^2}{2g}$

9. 答:汽蚀比转速为衡量水泵抗汽蚀性能的参数。

同比转速相似,同一轮系几何相似的水泵对应的 C 是相同的。用另一比转速的水泵代入所得的 C 不同,形状性能也不同,使用条件又有差异,因此可用 C 对水泵性能进行分类判别。

因为汽蚀比转速就是衡量水泵抗汽蚀性能的参数,其数值的大小,可以表明水泵汽蚀性能的好坏。

10. 答:水泵基准面的高程称为水泵的安装高程。

水泵安装高度就是水泵吸入口中心线到水泵吸水池水面(当水面变动时,应取最低水面)的垂直距离 H。

11. 答:影响水泵的吸水高度的因素有吸水管弯管数目、吸水管长度、水温、气压和水汽化压力。

影响水泵的吸水高度的因素有吸上真空度、进泵口的水流速度和吸水损失。

$$\nabla_安 = \nabla_进 + H_{允吸} \qquad\qquad H_{允吸} = (p_{大气} - p_{汽})/\gamma - (NPSH)_{sr} - h_{吸损}$$

五、计算题

1. 解:泵吸水高度:

$$H_{允吸} = \frac{p_{大气} - p_{汽}}{\gamma} - (NPSH)_{sr} - h_{吸损} = 10.33 - 0.33 - 2.5 - 0.4 = 7.1(\text{m})$$

由于允许安装高度为 6 m,所以吸入液面上的压力至少为

$$H = 6 - 7.1 = -1.1(\text{m})$$

2. 解:水泵吸水口流速为

$$v = \frac{Q}{\omega} = \frac{220/1\,000}{\dfrac{\pi}{4} \times 0.3^2} = 3.11(\text{m/s})$$

$$[H_s]' = [H_s] - (10.33 - h_a) - (h_{va} - 0.24)$$
$$= 4.5 - (10.33 - 9.2) - (0.75 - 0.24) = 2.86(\text{m})$$

列吸水井水面(0—0)与水泵进口断面(1—1)能量方程:

$$\frac{p_a}{\gamma} = H_g + \frac{p_1}{\gamma} + \frac{v^2}{2g} + \sum h_s$$

$$H_v = \frac{p_a - p_1}{\gamma} = H_g + \frac{v^2}{2g} + \sum h_s$$

$$[H_s]' = [H_g] + \frac{v^2}{2g} + \sum h_s$$

$$[H_g] = [H_s]' - \frac{v^2}{2g} - \sum h_s = 2.86 - \frac{3.11^2}{2 \times 9.81} - 1.0 = 1.37(\text{m})$$

答:$H_g = 1.37$ m。

3. 解:水头损失为

$$h_{吸损} = SQ^2 = 18 \times \left(\frac{780}{3\ 600}\right)^2 = 0.845(\text{m})$$

允许吸水高度为

$$H_{允许} = H_{sa} - h_{吸损} - \frac{v^2}{2g} = 6 - 0.845 - 0.1 = 5.055(\text{m})$$

安装高程为

$$\nabla_安 = \nabla_进 + H_{允许}$$

4. 解：对于真空表处和压力表处两个截面，假定真空表出水平位置为基准线，由能量守恒关系可知

$$\frac{v_1^2}{2g} + \frac{p_1}{\gamma} + H_净 = \frac{v_2^2}{2g} + \frac{p_2}{\gamma} + H$$

$$H_净 = \frac{v_2^2}{2g} + \frac{p_2}{\gamma} + H - \frac{v_1^2}{2g} - \frac{p_1}{\gamma} = \frac{260}{9.8} + 0.6 - \frac{\frac{250}{760} \times 101}{9.8} = 23.74(\text{m})$$

可得泵的有效功率为

$$P_{有效} = 9.81QH = 9.81 \times \frac{500}{3\ 600} \times 23.74 = 32.34(\text{kW})$$

所以泵的轴功率为

$$P = \frac{P_{有效}}{\eta} = \frac{32.34}{0.62} = 52.16(\text{kW})$$

第六章 水泵的选型与配套参考答案

一、填空题

1. 容量的大小,电压等级,水泵的轴功率,转速以及所采用的传动方式

二、单选题

1. A;2. D;3. B

三、简答题

1. 答:(1)充分满足灌排设计标准内各个灌溉季节的流量和扬程的要求。
(2)选用性能良好,并与泵站扬程、流量变化相适应的泵型。
(3)所选水泵的型号和台数使泵站建设的投资最少。
(4)便于运行调度、维修和管理。

第七章　泵站进出水建筑物参考答案

一、填空题

1. 淹没式,自由式
2. 正向进水;侧向进水
3. 前池

二、多选题

1. ABC

三、简答题

1. 答:进水管口淹没较小,池中表层水流流速增大,水流紊乱所形成的水面漩涡;在吸水池底部,由于回流引起的附底涡;表层水回流接触池壁水面,再向进口喇叭口加速而形成的附壁涡。

池中形成漩涡,会产生进气现象,使水泵效率降低,严重时水泵将无法工作。

2. 答:自由式管口出流方式的优点是施工、安装方便,停泵时可防止池水倒流,缺点是浪费了高出水池水面的水头,减小了出水量。

淹没式管口出流方式的优点是充分利用了水头,缺点是防止渠水倒流出口处需增设拍门、蝶阀。

虹吸式管口出流方式的优点能充分利用水头,防止水的倒吸,缺点是需在管顶增设真空破坏装置。

第八章　泵站管道工程参考答案

一、填空题

1. 年费用最小法,经济流速法
2. 明式铺设,暗式铺设;镇墩
3. 单机单管送水,多机一管联合送水(管路并联)

二、简答题

1. 答:(1)管线应尽量垂直于等高线布置,以利于管坡稳定。

(2)管路布置要求线路短,尽可能减少转弯和曲折,以降低管路投资和减小水头损失,节约电能。

(3)管路应铺设在坚实的地基上,避开填方区和滑坍地带,保证管路安全运行。

(4)在地形比较复杂情况下,可考虑变管坡布置,以减少工程开挖量和避开填方区,压力管路的铺设角一般不应超过土壤的内摩擦角,一般采用 $1:2.5 \sim 1:3$ 的管坡为宜。

(5)管道线路要尽量不受山洪的威胁,并有利于管节的运输和安装。

2. 答:管路效率是指装置实际扬程与水泵扬程之比的百分数,它的大小直接影响到泵站总装置效率,反映了泵站管路配套的科学性。

(1)管路直径必须适当,直径过小,不仅增加摩阻,水泵出水量也受限制。

(2)管路布置应力求缩短,减少管件、转弯等。

(3)管子磨蚀、漏水应及时检修或替换,以减小管路摩阻。

3. 答:(1)垂直等高线、线短弯少损失小。

(2)在压力示坡线以下。

(3)减少挖方、避开填方、禁遇塌方。

(4)躲开山崩、雪崩、泥石流、滑坡和山洪。

(5)便于运输、安装、检修和巡视,利于今后的发展。

4. 答:对应流量 Q 时管路损失水头 $h_损$,它与流量的平方成正比,把两者绘制在 $Q \sim H$ 坐标上的曲线就是管路阻力曲线。它与管道材料、管道长度、管道直径和流量有关系。

5. 答:包括净扬程和管道损失两部分。$Q \sim H_需$ 是在纵坐标为 $H_净$ 的一条水平线叠加上对应流量 Q 时的管路水头损失 $h_损$。

当水泵出水管路上的阀门开度变小至关死时,如果假定泵的 $Q \sim H$ 曲线近似顶点为 $H = H_0$,$Q = 0$ 的抛物线,则曲线方程可写为 $H = H_0 - BQ^2$。

第九章　泵站水锤及防护措施参考答案

一、填空题

1. 水泵工况,制动工况,水轮机工况
2. 启动水锤,停泵水锤

二、单选题

1. A;2. C

三、简答题

1. 答:离心泵在正常运行时供水均匀,在水泵和管路系统中不产生水锤危害。当水泵机组因突然失电或其他原因造成开阀停机时,在水泵及管路中水流速度发生递变,而引起的压力递变现象称作停泵水锤。

停泵水锤的主要特点是:突然停电(泵)后,由于主驱动力矩消失,机组失去正常运行时的力矩平衡状态,由于惯性作用仍继续正转,但转速降低(机组惯性大时降得慢,反之则降得快)。压水管中的水,在断电后的最初瞬间靠惯性作用,以逐渐减慢的速度继续向高位水池方向流动,然后流速降至零。管道中的水在重力水头的作用下,又开始向水泵站方向倒流,速度又由零逐渐增大,水泵出口处是否设有普通止回阀,对于水泵机组的影响是不同的。

防护水锤的措施如下:

(1)防止水柱分离。

(2)防止升压过高。设置水锤消除器,设空气缸,采用缓闭止回阀或者液控止回阀,取消止回阀。

2. 答:(1)水泵工况:停电后,水泵和管中水流由于惯性继续沿原方向运动,但其速度逐步减小,泵出口处压力降低,直至水流速度变为0。

(2)制动工况:瞬间停止的水,由于受动水头或净水头作用,开始倒转,回冲水流对仍在正转的水泵有制动作用,泵转速降低,直至转速为0。

(3)水轮机工况:随着倒泄水流的加大,水泵开始反转并逐渐加速,由于静水头压力的恢复,泵中水压力也不断升高,倒泄流量很快达最大值,倒转速度也因此而迅速上升。但随着叶轮转速的升高,它作用于水的离心力也越大,阻止水流下泄,使倒泄流量有所减少,从而引起管中正压水锤值继续上升并增至最大,相应的转速也达最大值。随后由于倒泄流量继续减小,作用于叶轮的流量相应减小,因而使转速略有降低,最后在稳定的出水池静水头作用下,机组以恒定的转速和流量稳定运行。

3. 答:产生水锤的主要因素有流量、管路特性、水泵特性(转动惯量)。

防护措施主要有：

（1）防止降压措施：①减小管路中流速；②变更出水管路纵断面的布置形式；③设置调压室；④设置空气室。

（2）防止升压措施：①装设水锤消除器；②安装缓闭阀；③取消逆止阀；④安装安全膜片。

第三部分 供水工程常见问答题集合

第一章 规划设计

1-1 问：为什么供水泵站要先做好规划设计？

答：供水泵站要先搞好规划设计，有以下几方面的原因：

（1）供水泵站工程是基本建设的内容之一。根据国家基本建设的要求，供水泵站要遇旱有水，遇涝排水，保证防洪安全；要沟、渠、路、林配套，适应农业机械化的需要；要平整土地，改良土壤，促进农业全面丰收。因此，各方面的问题和相互关系要经过全面规划，统筹安排。在实施过程中，还要投放大量的人力、物力和财力，如果没有规划设计或规划设计不周，就容易出现"今年挖，明年填，后年又重来"的现象，事倍功半，既不利于群众积极性的充分发挥，也收不到预期的经济效果。

（2）供水泵站工程是一个地区水利规划的组成部分。要旱涝保收，稳产高产，就要按照自然规律办事，因地制宜修建包括机电排灌在内的各种水利工程，进行综合治理。为了使各种水利工程能相互配合，各得其所，充分发挥它们的作用，就要把供水泵站工程纳入到当地的水利规划中去。各地在水利建设中所创造的蓄、引、提结合，排、灌、降结合，旱、涝、碱兼治，三水（雨水、河水、地下水）并用等经验，都是经过全面规划、综合治理而取得的。这样才能充分发挥机电排灌工程的作用，收到费省效宏的效果，并为管好、用好供水泵站工程打好基础。

（3）要照顾上下、左右的关系。发展供水泵站，站与站间有上下游、左右岸关系，有地面水与地下水关系，还有小局与大局、整体与局部的关系。要通过规划设计，妥善安排，处理好有关问题，互利互让，团结治水。

（4）要讲究经济效益。供水泵站建设涉及水利、电力、农机及农业问题。如何建设才能收到最大的经济效果，更好地为农业生产服务，就要认真调查研究，统筹考虑，多方比较，力求经济实效，切不可只讲需要，不计成本，不讲经济核算。要进行方案比较，选择投资省、见效快、收益大的最优方案。

综上所述，搞好规划设计，既有利于建设，又有利于管理运行。为了把供水泵站工程建好、管好、用好，在发展供水泵站时，就一定要先搞好规划设计。

1-2 问：供水泵站规划设计需要收集哪些资料？

答：为了使供水泵站的设计切合实际，应收集以下资料：

（1）供水区的自然情况和水土资源资料。查清其受益面积(包括水田、旱地、山区、河湖、村庄、道路、生荒杂地等)及相应高程;水旱灾害的成因及历年灾害情况,现有水利设施及其抗灾能力,已有水利规划及其与上下游、左右岸的关系;社会经济状况,如农业人口、劳力、常年农副业生产水平,负担能力;排灌区农业生产规划,如作物组成、复种指数、作物改制、垦殖计划、土壤改良、其他农业机械发展计划等。

（2）气象水文及水文地质资料。收集供水区的历年降水量、蒸发量、洪枯水位、平均水位及河道相应流量、径流系数、集流时间、潮汐资料、地下水资源和可能出现的最枯水位、最高水位等。

（3）排灌区各种作物在不同生长阶段的耐淹、耐旱、耐渍资料,灌溉制度,灌溉方法及丰产田的排灌经验。

（4）当地或邻近地区已建机电排灌工程的技术经济指标,包括每亩❶投资、每千瓦造价、群众负担能力、国家补助比例、耗用材料定额、千吨米水的能源消耗、生产成本、增产效果等。

（5）当地材料的供应情况,包括材料品种、性能、价格、运输方式及运费和可供应的数量等。

（6）供水区 1:5 万或者 1:1 万地形图、剖面图。

（7）当地常用的机泵种类及性能。

（8）当地能源情况、能源来源、电价及柴油价格、其他工副业对能源的需要情况及其他有关资料。

对于上述八个方面的资料,要根据供水泵站的任务来确定收集资料的内容。

1-3 问:灌溉选择泵站位置要注意哪些问题?

答:供水区划定后,要选择泵站位置。泵站位置是否得当,直接影响到工程造价、工程效益和输电线路布局等。选择泵站位置要注意的问题有:

泵站要选在水质好、水源可靠的地方,在灌溉季节最低水位时,依然有水可抽。从江河取水时,泵站要设在河槽稳定的主槽迎流凹岸边,不要设在河槽逐渐淤涨的凸岸,或者河床较高的汊港上。小支流出口的上下游,也不宜选作站址,因洪水期间容易淤积,影响泵站进水。在平原灌溉区,泵站应选在灌区地势较高又易于取水的地方,以便联系渠系,控制全灌区,并可节省土方和减少压废土地。丘陵山区从江湖、水库中取水时,站址应尽量靠近灌区一边。有受洪水威胁的地方,若洪枯水位变化不大,泵站应建在洪水位以上,以免被洪水淹没;若限于机泵条件或洪枯水位变化过大,可采用浮式泵船或升降式泵车,以适应水位变化;也可开挖引渠,在饮水河口建防洪设施,置泵站于防洪设施之后,以保证泵站汛期安全。

排涝站要设在排水区圩边较低的地方,以利于汇集雨水,迅速外排,出水口要顺着外河水流方向布置,使出水通畅,防止壅水过高,影响水泵出水。还要防止出水冲击对岸圩堤。泵站要有防洪设施,保证汛期依然能正常排水。有条件的地方,泵站可和排水涵闸相结合,以降低工程造价。

---

❶ 1 亩 = 1/15 hm²,全书同。

排灌两用站要排灌兼顾，也有一个是集中建站还是分散建站的问题。排灌范围小的，一般应一个排灌区建一个站；排灌范围大的，如原有河网已联成系统，又无需建很多交叉过水建筑物时，也以集中建一站较好。否则，可分散建多站，进行统一排灌。

泵站基础地质条件要好，堤岸要兼顾，应尽量避开软基、流沙和湿陷性土质，同时土石方开挖量要小，以降低工程造价。从大江取水的泵站，泵站不要伸入江中，以免影响汛期泄洪。

在不影响排灌效益的前提下，电力泵站要尽量靠近电站，以保证供电质量和节约建设投资。同时要考虑动力的综合利用和其他农业用电的需要而布设农村电力网，促进农业电气化、机械化建设。

1-4 问:怎样确定多级泵站的经济扬程？

答:对高扬程提水工程，当灌区确定后，是一级提水还是多级提水要加以研究和比较。因为提水(如果设备可能)要将全灌区所需的水量都提到灌区的最高控制点，再流向低处，往往高抽低用，浪费动力。若按灌区高程分级提水、分级灌溉，就可节省动力，但要多建站，建设费用要增加。有的地方受地形限制，也影响泵站级数的设置。在确定各级占位置时，通常用所谓"最小功率法"计算，即先拟定出各级站的扬程，然后用各级站所控制的面积及抽水量计算各站所需的功率，如果求出的各级站功率的总和为最小，则这时各站的扬程及由此而确定的站址位置就是能耗最小的。计算方法有解析法和图解法两种。解析法是先假定各级泵站的扬程，列表进行演算，计算工作量大，不如图解法简便。最小功率图解法的原理简述如下：

设 $H_1, H_2, H_3\cdots$ 为各级泵站的扬程，$A_1, A_2, A_3\cdots$ 分别为各级泵站的灌溉面积，$\theta_1, \theta_2, \theta_3\cdots$ 为高程—面积曲线上相应高程处的切线倾角经过数理分析，当 $H_1 = A_1\tan\theta_1, H_2 = A_2\tan\theta_2\cdots$ 时，多级站的总功率最小，即各级站的扬程分别等于该站在高程—面积曲线上的斜率乘以相邻较低一站的灌溉面积时，其总功率最小。现举例说明如下：

【例】 设某灌区灌溉面积为 13 000 亩，提水总扬程 $H = 40$ m，面积分布情况如表 3-1-1 所列，计划分四级提水，求各级提水扬程及控制面积，使所配功率为最小。

表 3-1-1　某抽水灌区高程—面积

高程(m)	<5	5~10	10~15	15~20	20~25	25~30	30~35	35~40
面积(亩)	500	700	900	1 400	1 500	2 100	2 600	3 300
累计面积(亩)	500	1 200	2 100	3 500	5 000	7 100	9 700	13 000

【解】 绘制高程—面积曲线，如图 3-1-1 所示(以一级站为高程零点)。

先假设一级泵站扬程为 $\frac{1}{4}H$，即 $\frac{40}{4} = 10$ m，在 10 m 处(M 点)作水平线交曲线于 B 点。从 M 点作线 MC 使之平行于过 B 点的切线，并与过 B 点的垂线 BC 交于 C 点，再过 C 点作平行线交曲线于 D 点，D 点高程 17.5 m，即为二级站的提水高程。

同法，再从 C 点作 CE 线使之平行于过 D 点的切线，并与过 D 点的垂线 DE 交于 E 点，从 E 点作水平线交曲线于 F 点，该高程为 24 m，即为三级站的提水高程。

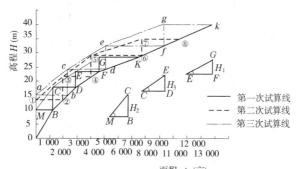

图 3-1-1　最小功率图解法

重复上述作图方法,得到 K 点。K 点高程 29.5 m,即为四级站的提水高程。但未达到 40 m,不符合设站要求,说明假设的一级站高程偏低,应调整一级站扬程到 h_m,h 值可按比例求出,即 $h:10 = 40:29.5$,所以 $\frac{10 \times 40}{29.5} = 13.6(m)$,再做第二次试算。

第二次试算:

将一级站扬程改为 13.6 m,如图 3-1-1 中的①点。

按上法,依次求得②,③…,⑧点,点⑧高程为 36.5 m,仍然达不到 40 m 高程,说明一级泵站扬程仍然偏低,再按比例调整为 $h(m)$,即 $h:13.6 = 40:36.5$,则 $h = 13.6 \times 40/36.5 = 15(m)$,再做第三次试算。

第三次试算:

设一级泵站扬程为 15 m,如图 3-1-1 中的 a 点。

同上法,依次求得 $b,c,\cdots,k$ 各点,k 点高程为 40 m,满足了要求。此时,曲线上 b,d,f,k 各点对应的高程就是各站的控制高程,分别为 15 m、25 m、33 m 和 40 m,如表 3-1-2 所列。

表 3-1-2　各级泵站扬程—面积表

站别	一级站	二级站	三级站	四级站	合计
控制高程(m)	15	25	33	40	
扬程(m)	15	10	8	7	40
灌溉面积(亩)	2 100	2 900	3 600	4 400	13 000

"最小功率法"是单纯从功率最小这一经济条件考虑的,但仅考虑功率这个因素是不够的,还要考虑悬顶高程处的地形、地质条件是否适宜建站;又因各级扬程互不相同,使机泵型号增多,对管理也不方便。故最小功率法只表明运行费用最省,并未反映工程造价低这个因素。为此,还要结合这些因素统一考虑。

1-5 问:如何确定排灌站的流量?

答:在排灌面积不大的机电排灌区,灌溉流量的计算,常以干旱无雨而农作物需水最多时的用水量作为灌溉流量的设计依据。农作物的高峰用水量因作物种类和耕作制度不同而异。如水稻常以泡田插秧期或烤田后第一次灌水时的用水量来设计灌溉流量。在种植双季稻的地方,在早稻收割,晚稻插秧时,时间最短,气温高,泡田水量大,再加上其他农作物需要补水,用水高峰也很突出。近年来由于治虫、防霜冻的需要,在短时间里,要求大面积同时灌水,也会出现用水高峰,用于作为设计参考之用。

泡田用水量的多少与土壤类别和地下水位有关,可根据当地的实际情况来确定,一般黏土和沙壤土每亩泡田需水 80 m³ 左右,沙壤土为 80 ~ 100 m³,轻沙壤土为 100 ~ 160 m³。

旱地作物以每亩一次的灌水定额作为设计灌溉流量依据,一般多在 50 m³ 左右,设计时按当地的实际需要情况而定。

根据农作物每亩的灌溉用水量(灌溉定额)、灌溉面积、轮灌天数、每天开机时间和渠系水有效利用系数等用式(3-1-1)计算灌溉流量。

$$Q = \frac{\sum mA}{3\,600Tt\eta} \tag{3-1-1}$$

式中:Q 为灌溉流量,m³/s;$\sum mA$ 为灌区用水高峰时各种农作物同一时段内总需水量,m³;m 为用水高峰时,同一时段内各种农作物的灌溉定额,m³/亩;A 为用水高峰时,同一时段内各种农作物的灌溉面积,亩;T 为轮灌天数,d,水稻泡田期为 7 ~ 10 d,生育期补水为 3 ~ 7 d,治虫为 2 ~ 3 d,旱地为 5 ~ 15 d;t 为每日开机小时数,h,在正常情况下,电动机为 22 h,柴油机为 20 h,如果电灌考虑调荷、避峰、停电等因素,可根据实际开机时间计算;η 为渠系水有效利用系数,若无实测资料,水稻区可用 70% ~ 90%,旱地用 60% ~ 80%。

在引、蓄、提结合的地方,若有库塘水可用,则机电提水流量计算公式为

$$Q = \frac{\sum mA - w}{3\,600Tt\eta} \tag{3-1-2}$$

式中:w 为库塘可用水量,m³;其他符号含义同前。

也有用田间灌水深度来计算灌溉流量的。若已知田间灌水深度为 h(mm),则每亩需水量为

$$m = 0.667h = \frac{2}{3}h \quad (\text{m}^3) \tag{3-1-3}$$

若已知每亩需灌水量,则田间灌水深度为

$$h = 1.5m \quad (\text{mm}) \tag{3-1-4}$$

排涝流量的计算受多方面的影响。一是根据设计暴雨频率,计算排涝区的水地、旱地(包括村庄道路)等有多少积水要排除,如有的地方是以一日降雨 200 mm,两日排干作为设计排涝流量的依据;二是排涝区的河网可以调蓄多少水量;三是田间容许的滞留水深;四是有多少水可以自流排出;五是圩堤涵闸的渗流量有多少;六是计划用水泵抽几天可以把涝水排除(排水期间蒸发量不予计算)。根据以上有关因素,得排涝流量的计算公式为

$$Q = \frac{0.667A_{稻}(P - h_{蓄}) + A_{旱}cP - A_{网}(h_{降} - P) - V}{3\,600Tt} + q \tag{3-1-5}$$

式中:Q 为排涝流量,m³/s;$A_{稻}$、$A_{旱}$、$A_{网}$ 分别为排涝区的水田、旱地、河网面积,亩;P 为设计暴雨量,mm;$h_{蓄}$ 为水田允许滞留水深,mm;c 为旱地径流系数,一般为 0.6 ~ 0.9;$h_{降}$ 为内河预降水深,mm;V 为自流排出水量,m³;q 为圩堤涵闸渗入流量,m³/s;T 为排水天数,

d;t 为每日开机时数,h。

在进行农田水利规划时,为了便于设计计算,常根据设计暴雨量、径流系数、作物耐淹时间等因素,计算出每平方千米的排水量,称为"排水模数"。同样,也可以根据作物的需水量、轮灌区等因素,计算出每万亩或每平方千米需要的灌溉流量,叫作"灌溉模数"。根据排灌模数和排灌面积也可去除排灌流量。它们的相互关系是

$$Q = \frac{Aq}{10\ 000} \quad (\text{m}^3/\text{s}) \tag{3-1-6}$$

式中:Q 为排(灌)流量,m³/s;A 为排(灌)面积,亩;q 为排(灌)模数,m³/(s·万亩)。

若 q 的单位为 m³/(s·km²),则

$$Q = \frac{Aq}{1\ 500} \quad (\text{m}^3/\text{s}) \tag{3-1-7}$$

式中:1 500 为换算系数,1 km² = 1 500 亩。

机电排灌在引用排灌模数时,要考虑机电设备往往不能每天 24 h 连续运行这一因素,将式(3-1-6)、式(3-1-7)修正为

$$Q = K\frac{Aq}{10\ 000} \ \text{或} \ Q = K\frac{Aq}{1\ 500} \tag{3-1-8}$$

式中:K 为系数,$K = 24/t$,t 为每天开机小时数,h。

1-6 问:如何确定排灌站的扬程?

答:排灌站的扬程(即所需扬程)包括净扬程(又称实际扬程)和损失扬程两部分。损失扬程可根据管道的布置情况,通过计算求得。净扬程是排灌站的上、下水位差,也就是出水池水面和进水池水面的高差。如果出水池管口不是水下出流,而高出出水池水面时,上水位则以出水管口中心的高度为准。这种出流形式俗称"高射炮式"出流,它增加扬程,浪费动力,不宜采用。

因为灌溉和排涝上、下水位变化情况是不同的,现在分别介绍如下。

1. 灌溉站

灌溉站的上水位即出水池水位,要求能使灌溉用水顺利地流到田间,具体计算方法与自流渠系相同,由田间逐渐推求到渠首,可用下式计算:

$$h_{\text{上}} = E_1 + d + \sum il + \sum h_{\text{f}} \tag{3-1-9}$$

式中:$h_{\text{上}}$ 为出水池设计水位,即上水位高程,m;E_1 为渠尾有代表性的田块高程,m;d 为田间最深灌水层,m;$\sum il$ 为从田间到渠首各级渠道的输水损失水头总和,m,l 为渠道长度,i 为渠道比降;$\sum h_{\text{f}}$ 为从田间到渠首,水流经各种过水建筑物的局部水头损失总和,m。

灌溉站的上水位随着灌溉期间用水量的不同而有所变化,但变化幅度不大,因此以设计流量相应的水位作为上水位,即出水池设计水位。

灌溉站的下水位,即进水池水位,在直接从江河或水库中取水的泵站,由于水源水位变化大,除考虑设计下水位外,还要考虑汛期的防洪问题和水泵的安装高程,使枯水时仍能正常抽水。设计水位有三:

(1)设计下水位。用以确定泵站设计扬程。通常采用一般年份灌溉期间水源水位过程线平均值作为设计下水位 $h_{\text{下}}$ 的依据。

（2）设计最高下水位。用于校核水泵的工作点和确定泵站的防洪问题。通常采用灌溉期间多年最高日平均水位或最高旬平均水位,作为设计最高下水位。

（3）设计最低下水位。用于确定水泵的安装高程和进水闸底板高程,一般可取保证率 90% ~95% 情况下,用灌溉期间水源水位过程线的日平均最低水位或旬平均最低水位作为设计最低下水位。

中小型灌溉站的设计净扬程 $H_净$ 可由设计灌溉上、下水位求得,即

$$H_净 = h_上 - h_下 \tag{3-1-10}$$

如果用设计最低下水位来设计灌溉扬程,则水泵大部分时间不在这种扬程内运行,是不经济的。因此,一般要求是:根据设计下水位选定水泵,再用最低下水位进行校核,其工作点应该落在水泵高效率区,流量能满足灌溉要求。否则,应另选其他水源。

2. 排涝站

排涝站的上水位有三个参考水位。一是在设计频率时,汛期外河的平均高水位,采用汛期洪水过程线的平均值作为设计泵站扬程和选择水泵的依据。二是设计最高外水位,采用汛期多年最高日平均水位或最高旬平均水位,用以校核水泵是否仍能安全运行,动力有无超载的危险。但不能用作设计扬程和选用水泵的依据,因为大部分年份水泵都不在这种扬程下运行,不能充分发挥工程效益。三是设计最低外水位,用以决定出水管口的高程。一般取排水期最低水位的多年平均值作为排涝站的最低外水位。

排涝站的下水位因作用不同分为四种:

（1）圩内正常水位。这是汛期圩内经常控制的水位,作为设计排水净扬程下水位的依据,其计算公式为

$$h_低 = E_2 - d_2 - \sum il - \sum h_f \tag{3-1-11}$$

式中:$h_低$ 为圩内起排水位,m;E_2 为圩内一般低田的地面高程,m;d_2 为汛期内河水面低于田面的高度,m;$\sum il$ 为从低田到各级排水渠道的输水损失水头总和,m;$\sum h_f$ 为从低田到泵站各种排水建筑物的局部水头损失总和,m。

（2）预降水位。有预降条件的圩区,汛期预降水位,增加内河调蓄能力,也可作为设计下水位的依据。

（3）脱险水位。是突击排涝时使用的水位,一般以田面为准,是使农作物免受损失的下水位。

（4）排渍水位。是冬季降低地下水的下水位,和外河最高水位不会同时发生,一般用作水泵安装高程的参考,不作为计算扬程的依据。

排涝站的净扬程为

$$H_净 = h_高 - h_低 \tag{3-1-12}$$

式中:$h_高$ 为汛期外河平均水位,m;$h_低$ 为圩内排涝时的下水位,以圩内正常水位或预降水位为依据,m。

1-7 问:什么是经济扬程?

答:经济扬程即经济合理的提水高度。在进行供水泵站建设时,随着扬程的提高,能量相应增大,灌溉成本随之提高,经济效益随之下降。当扬程超过某一限度时,抽水灌溉的成本可能高于农业的经济效益,增产而不能增收。因此,在规划兴建抽水灌溉工程时,

必须把提水高度限制在一定范围内,使农业能获得一定的纯收益,这时的提水高度才是经济合理的,称为经济扬程。

影响经济扬程的主要因素有装置效率、渠系利用系数、灌区农业生产水平、能源价格、运行管理水平等。在某一个地区或某一项工程中,可以根据当地的具体情况,对提水高程提出一个适当的范围,供规划时参考使用。目前已有的经济扬程计算方法分述如下:

(1)抵偿年限法。用泵站建成投产后的每年纯收益值除建站总投资,得出投资全部收回的年限,这种方法称抵偿年限法。当扬程较低时,因建站投资和运行管理费少,泵站的经济效益较大,抵偿年限就较短。反之,抵偿年限就长。因此,可用抵偿年限的长短来评价泵站扬程是否经济合理。但抵偿年限根据什么原则确定,不易掌握,有定为5年的,也有定为10~15年的。

(2)水费负担能力法。根据当地的经济条件和群众的生活水平制定出水费的负担能力,使灌溉成本小于当地的水费负担能力。经推算得出电灌地区的经济扬程为

$$H_E = 367\eta_{装} \eta_{渠} \frac{KD}{Me} \tag{3-1-13}$$

机灌地区的经济扬程为:

$$H_E = 1\,350\eta_{装} \eta_{渠} \frac{KD}{Mu} \tag{3-1-14}$$

式中:$\eta_{装}$ 为机组装置效率(%);$\eta_{渠}$ 为渠系水有效利用系数(%);K 为电费(或燃料费)在灌溉成本中所占的比重(%);D 为当地水费负担能力,元/亩;M 为作物灌溉定额,m^3/亩;u 为柴油单价,元/kg;e 为当地农业电价,元/kWh。

这个办法考虑了有关因素,可以直接求出经济扬程,但式中 K、D 值难以定量确定,而且也不可能反映出在此扬程时灌溉效益的大小。

(3)净增产值系数法。根据作物的净增产值应大于灌溉成本的原则计算经济扬程,得出如下公式:

$$KC = B \tag{3-1-15}$$

式中:C 为抽水灌溉后的净增产值,元/亩;B 为灌溉成本费,元/亩,$B < C$;K 为灌溉成本和净增产值的比值,$K < 1$。

B 值随着扬程高低变化,C 值与扬程高低无关,若确定了 K 值即可求出经济扬程。但如何确定 K 值尚无定论。各地可总结已有的机电提水工程,求出适合当地的 K 值。或假定一系列扬程,通过试算求出当灌溉成本和净增产值相等时的扬程,此时,$K = 1$,该扬程称为极限扬程,即提水灌溉扬程不能超过此扬程。

1-8 问:选配机电排灌设备要注意哪些问题?

答:当机电排灌站需要的流量和扬程确定后,就可以选择合宜的排灌设备了。排灌设备主要是水泵和配套的机电动力。

选配水泵,可根据水泵样本选择合适的型号和台数。如果水泵的单台流量小,水泵台数就要增加;如果单台流量过大,台数就可减少。一座泵站究竟装几台水泵合适,要通过方案比较来决定。因为大泵效率高,单位造价低,管理方便,年费用少;而小泵台数多,调

节流量的灵活性大,又便于动力的综合利用。根据一些中小型的排灌站的运行经验:灌溉流量在 $0.2 \text{ m}^3/\text{s}$ 以下的站,一般选 1 台或 2 台;而排涝流量在 $0.5 \text{ m}^3/\text{s}$ 以下的站,一般只选用 1 台泵;排灌流量较大时,水泵不应少于 2 台,较适合的台数是 3 台或 4 台,最多为 8～10 台。选择水泵还要注意选用已经定型的、成批生产的标准化、系列化产品,便于施工和运行管理。不要一站只设 1 台大泵或设几十台各种型号的小泵。图 3-1-2 是灌溉泵站选用水泵的一种方法。

作图时,先把各时期需要的灌溉流量按大小排列,如图 3-1-2 所示。再将灌溉流量用水平线分成几个相等的流量范围,如果 $Q_1 = 2q_0$,$Q_2 = 3q_0$,$Q_3 = 4q_0$,$Q_4 = 5q_0$,$Q_5 = 6q_0$,则可选择 6 台型号相同、流量为 q_0 的水泵。如果 $Q_1 = 2q_0$,$Q_2 = 3q_0$,$Q_3 - Q_2 = q_1$,$Q_4 - Q_3 = q_1$,$Q_5 - Q_4 = q_1$,则可选择 3 台流量为 q_0 和 3 台流量为 q_1 的水泵。这样选择水泵可满足灌溉用水的需要。

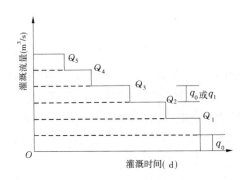

图 3-1-2　灌溉流量按大小排列图

采用上述办法可能同时选出不同台数和不同泵型,再经过效率和投资的比较而确定下来。如在平原地区,混流泵和轴流泵都可使用,但由于混流泵土建投资省,安装维修方便,所以逐渐得到广泛运用。再如在水网圩区,由于扬程低、排水流量大,坽工泵和轴流泵都可使用,因为坽工泵的单位流量投资较省,所以坽工泵被广泛用于低扬程圩区排水工程。在排、灌、降结合的站也要求避免将混流泵、轴流泵、坽工泵三者并选使用。

在井灌区,一般采用一井一泵。选择水泵时,首先要查明井的出水能力和动水位的变化情况,使井泵流量和井的出水量大体相符,免得抽抽停停,影响灌溉。对安装卧式离心泵的井,水泵的允许吸上高度要和井的动水位相适应,使水泵能连续抽水。水泵的额定扬程和井灌区的扬程也要基本相符,使水泵在高效区下运行。

在多级提水站,各站水泵的流量要很好配合,不论哪一级站都不要有弃水,或来水不足现象,这在确定提水级数和选择水泵时,要特别予以注意,只有在不得已的情况下,才考虑临时用闸阀调节流量。

水泵选型后,要根据当地的能源条件选配合适的动力机。农田排灌常用的动力机有柴油机和电动机两种。柴油机转速在一定范围内可以调节,有利于和水泵配合,不受电源控制,比较机动灵活,基建投资也省。电动机运行成本低,工作可靠,容易操作管理,但输电设备等投资较大。在电源可靠的地方以采用电动机为宜。

1-9 问:供水泵站技术改造的主要技术点有哪些?

答:有些地方,在已建的机电排灌中存在着配套不合理、装置效率低,或者设备陈旧、质量不高等问题,可以通过技术改造或重新规划设计等加以解决,以挖掘设备潜力,提高工程效益。主要技术点有如下。

1. 改造老机组

在发展机电排灌较早地区,有一些水泵扬程偏高,不适合当地的实际情况,或者泵型陈旧,制造粗糙,效率不高,常用的改进办法有:

(1) 改换水泵叶轮。如江苏省苏州地区用坝工泵叶轮代替 PV 型旧系列叶轮,水泵效率可提高 10% ;广东省用 140C 高比速叶轮代替 28ZLB - 80 低比速叶轮,水泵出水量增加 10% ~20% ;如果重新设计叶轮有困难,也可换用小叶轮或车削叶轮,对轴流泵可以改小叶片安装角度等办法,以降低水泵扬程,提高水泵效率。在水位变化幅度大,但变化不频繁的地方,可采用一泵多轮的办法,做季节性调节使用,采用不同的叶轮直径或不同比转速的叶轮,如灌溉采用一套叶轮,排水采用另一套叶轮,以适应水位变化的需要。

(2) 改进传动装置。用间接传动时,可更换水泵皮带轮,以降低水泵转速,使水泵流量、扬程、配用功率都有所下降。若流量可以满足排灌需要,则配用功率可以换小;若流量不满足需要,而配用功率仍有裕度,可采用一机托双泵办法,使动力得以充分利用。也有根据排灌的不同要求,采用两套皮带轮,一套用于灌溉,一套用于排涝。调换皮带时,不必拆开水泵,比掉换叶轮方便。

为了提高传动效率,当机、泵转速相同或相差不多时,可改间接传动为直接传动,或改平皮带传动为三角皮带传动。

(3) 改进水泵零部件。如有的水泵叶轮铸造粗糙,经过打磨提高光洁度,水泵效率会有所提高;有的叶轮没有调试平衡,发生振动,轴承磨偏,应重新校验或更换叶轮和轴承;有的泵泄漏损失大,需要更换减漏环或叶轮等。总之,对旧泵要进行定期维修检查,更换旧损零部件,水泵效率就能有所提高。

2. 调整配套动力

有的站在设计时,以历史上较严重的旱涝年份出现的枯水位和洪水位作为设计水位,结果扬程过高,配备功率偏大,一般年份水泵都不在高效区运行,排灌设备不能充分发挥作用。也有的站原有配套不合理,存在"大马拉小车"或"小马拉大车"情况。前者多用动力,多耗油、电;后者使动力超载,都极为不利。要根据合理配套原则,调整配套动力。

3. 改进管道装置

如设法缩短管道长度,减少弯头数量,取消"三阀",调整水泵安装高度,改变"高射炮式"的出流形式,采用经济管径等,减少损失水头,提高水泵效率,增加出水量,降低能源单耗。

4. 健全排灌渠系

排灌渠系是机电排灌站的重要配套工程,要沟、渠、涵、闸配套,干、支、斗、毛齐全,做到排灌畅通,控制自如。各级渠道的高低、大小要合乎设计要求,要注意渠道的施工质量和防渗问题,并认真做好维修养护工作,以提高渠系水有效利用系数。有条件的地区和库、塘、堰、坝的渠系连通,以利于蓄、引、提结合。在适宜的地方也可修建地下渠道,少占耕地面积,又可以提高灌溉效率。有了健全的排灌区系,用水管理工作才得以顺利展开,节水、节电、节油的效果也将更加显著。健全排灌渠系是一项花费不大,见效快的配套挖潜工作,要引起足够的重视。

第二章 水泵和管路

2-1 问:俗话说:"水往低处流",而水泵为什么使水往高处流呢?

答:要想了解水泵的扬水原理,首先必须了解水流流动的根本原因是什么,原来水流的流动是由于能量差形成的,具有较高能量的水总是向低能量方向流动。水的能量有位能、动能和压能等,它们可以相互转换。一般情况下,水之所以从高处流向低处,如渠水的输送、江河的奔流、瀑布的下泄,就是因为高处的水具有较高的能量(位能)。如果低处的水也能具有较高的能量,低处的水就会流向高处,如拧开自来水龙头,水就会流出。水泵的作用就在于提高水的能量。例如离心泵,当水通过水泵高速旋转的叶轮时,叶轮就把旋转的机械能传给水,使水的能量增加,当水泵出口处的能量(主要是离心力转化的压能)增大到一定程度时,水就会沿管路扬升到一定高度处。又如轴流泵中水流能量的增加,是由于叶轮旋转给水以向上的推力而形成的;活塞泵是靠活塞往复运动给水以挤压力使水的压能提高,把水压送到高处或远方。其他各类提水设备,都是以不同方式提高水的能量(动能、压能和位能)而完成扬水任务的。

2-2 问:在机电灌排实际工作中,常听到"绝对压力""相对压力""表压力""真空值"和"真空度"等名词,它们的含义和相互关系是什么?

答:概括地说,这些名词是从不同的角度,以不同的方式表示压强,都和大气压力有关。说明如下:

如图 3-2-1 所示,在泵进、出口①和②处分别装上测压管(U 形管),就会发现,出水侧测压管中水面高于泵轴线 0′—0′,而进水侧测压管中水面不仅不升,反而下降到水泵轴线 0′—0′ 以下。这是什么原因呢?首先研究泵出口②点水流所受的压力是多少。

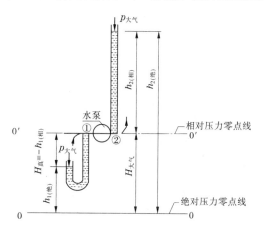

图 3-2-1 压强表示方法及其相互关系示意图

表面上看,②点的压力就等于测压管中的水柱高 $h_{2(相)}$,这一水柱高所形成的压力

$p_{2(相)}$，我们叫水泵出口处即②点的"相对压力"，并有 $p_{2(相)} = \gamma h_{2(相)}$。事实上，②点测压管的水面上还作用有大气(即空气)的压力 $p_{大气}$，如果把大气压力也考虑在内，则②点所受的全部压力叫该点的绝对压力 $p_{2(绝)}$，即

$$p_{2(绝)} = p_{大气} + p_{2(相)} \tag{3-2-1}$$

或

$$p_{2(相)} = p_{2(绝)} - p_{大气} \tag{3-2-2}$$

为了形象地表示绝对压力和相对压力的关系，可在水泵轴线 $0'$—$0'$ 下做一条 0—0 水平线，使两线的距离恰好为一个大气压(约 10 m 水柱高)，则从 0—0 线到②点测压管水面的垂直距离 $h_{2(绝)}$ 就是②点的绝对压力(水柱高)。从 $0'$—$0'$ 线(称相对压力零点线)到测压管水面的距离 $h_{2(相)}$ 就是②点的相对压力。从图 3-2-1 可以看出：$h_{2(相)} = h_{2(绝)} - H_{大气}$，即相对压力等于绝对压力和大气压力之差。可见，所谓相对压力，是相对大气压力而言的。任意点的压力如果计入大气压力就是绝对压力，不计入大气压力就是相对压力。由于各种仪表在大气中读数都为零(或整定为零)，所以测出的压力都是相对压力。因此，相对压力也叫"表压力"或"计示压力"。

下面研究进口①点的压力表示方法。U 形管中开口端水面之所以低于泵轴线 $0'$—$0'$，是因为①点的绝对压力小于 1 个大气压力。我们知道，U 形管开口端水面承受的是 1 个大气压力，而①点位于该水面以上 $H_{真}$ 的距离，根据连通管原理，①点的压力比大气压要小 $H_{真}$ 水柱高，所小的数值我们叫作该点的真空值。显然，①点的真空值就等于 $H_{真}$ 水柱高。U 形管中水面越低，说明①点的压力比大气压要小得多，即该点的真空值越大。如果 U 形管中水面和 $0'$—$0'$ 线齐平，说明①点的真空值为零；如果降至 0—0 线，则①点的真空值等于 1 个大气压。可见，①点的真空值是在 0(最小) ~ 1 个大气压(最大)范围内变动的。真空值加绝对压力等于 1 个大气压力。真空值的大小可用真空度 V 来表示：

$$V = \frac{H_{真}}{H_{大气}} \times 100\% \tag{3-2-3}$$

有时为了和泵出口压力对比，把进口处的压力也用绝对压力和相对压力表示较为方便。因为 $0'$—$0'$ 线是相对压力零点线，U 形管水面低于该线，所以相对压力为负值，即①点的相对压力如用水柱高表示，其值为 $-h_{1(相)}$($-h_{1(相)} = -p_{1(相)}/\gamma$)；该点的绝对压力则为从 0—0 线算起的 $h_{1(绝)}$($h_{1(绝)} = p_{1(绝)}/\gamma$)。

综上所述可知，①点的压力是能用不同方式表达的。举例说，如果大气压为 19m 水柱高，泵进口①处 U 形管水面比 $0'$—$0'$ 线低 3 m，则①点压强可分别表示为

真空值 = 3 m 水柱高 = 0.3 kg/cm² = 220.7 mm 汞柱高

或   相对压力 = -3 m 水柱高 = -0.3 kg/cm²

绝对压力 = $p_{大气} + p_{1(相)}$ = 1.0 + (-0.3) = 0.7 大气压(kg/cm²) = 7 m 水柱高

真空度 = $\frac{H_{真}}{H_{大气}} \times 100\%$ = 3/10 × 100% = 30%

由上例可见，数值的大小和正负号的不同，不是表明该点压力发生了变化，而是由于该点的表示方法不同。

2-3 问：水泵扬程是不是"水泵的扬水高度"？怎样测定水泵扬程？

答：把水泵扬程说成是水泵的扬水高度，这是一种表面的理解。确切地说，水泵扬程

是指水通过水泵后,单位质量(例如 1 kg)的水实际所获的能量。单位水重所具有的能量简称为"比能"。靠此能量,把水以某一速度压送至一定高度。如图 3-2-2(a)所示,设水流在水泵出口②处的流速为 v_2,相对压力为 p_2,则由水力学知,水流具有的比动能为 $\dfrac{v_2^2}{2g}$,比压能为 $\dfrac{p_2}{\gamma}$,如果以水泵轴线 0—0 为基线,则其比位能是 ΔZ,所以②处水流的总比能为

$$H_2 = \frac{v_2^2}{2g} + \frac{p_2}{\gamma} + \Delta Z \tag{3-2-4}$$

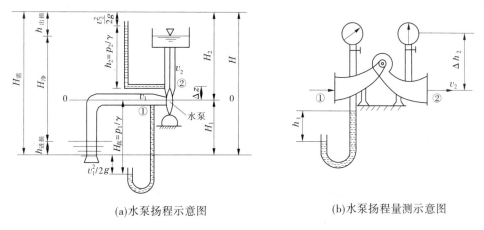

(a)水泵扬程示意图 　　　　　　　(b)水泵扬程量测示意图

图 3-2-2　水泵扬程及量测示意图

同理,在水泵进口①处的比动能为 $\dfrac{v_1^2}{2g}$;由于在图 3-2-2(a)所示的装置情况下,①点水流的相对压力为负值,其比压能为 $-\dfrac{p_1}{\gamma}$,如果仍以 0—0 为基线,则①点所具有的总比能为

$$H_1 = \frac{v_1^2}{2g} + \left(-\frac{p_1}{\gamma}\right) + 0 = \frac{v_1^2}{2g} - \frac{p_1}{\gamma} \tag{3-2-5}$$

当水流以此比能 H_1 进入水泵后,在高速旋转叶轮的作用下,水的能量增大。因此,当水流至水泵出口②时,它的总比能从 H_1 增至 H_2,显然,水泵出口和进口总比能之差就是水泵通过水泵后实际获得的总比能 H,即

$$H = H_2 - H_1 = \left(\frac{v_2^2}{2g} + \frac{p_2}{\gamma} + \Delta Z\right) - \left(\frac{v_1^2}{2g} - \frac{p_1}{\gamma}\right)$$

或 　　　　　　$$H = \frac{v_2^2 - v_1^2}{2g} + \frac{p_1 + p_2}{\gamma} + \Delta Z \tag{3-2-6}$$

由于比压能 $\dfrac{p_1}{\gamma}$ 和 $\dfrac{p_2}{\gamma}$ 是压力 p_1 和 p_2 在水泵进、出口处所能形成的压水高度,所以可称为压扬程;比动能是流速 v 所能转换的水柱高度,即在空气中能喷射的垂直高度,故称动扬程。比位能 ΔZ 是相对于某基准面的一段垂直距离。它们的单位都可以用米水柱高度表示,所以水泵总比能的单位是米水柱高。这样就可以用几何高度形象地表示出总比能

的大小。因此，一般把泵的总比能称为水泵总扬程或简称水泵扬程。

从式(3-2-6)中可以看出，水泵扬程中既包括压扬程，也包括动扬程，所以不能把它理解为水泵的实际扬水高度。

如果水泵进、出口直径相同，则 $v_1 = v_2$，此时 $\dfrac{v_2^2 - v_1^2}{2g} = 0$，同时在一般情况下，$\Delta Z$ 值较小(或等于零)，可不计入，则式(3-2-6)可简化为

$$H = H_{真} + h_2 = \frac{p_1}{\gamma} + \frac{p_2}{\gamma} \quad (\text{m}) \tag{3-2-7}$$

即水泵扬程是进、出口压扬程之和。

对一台水泵而言，扬程并不是一个常数，当泵转速不变时，扬程一般随过泵流量的增大而减小，即泵的扬程大小只和过泵流量有关，而和管路系统、水池水位变化等外界条件无直接关系。水泵铭牌上或规格表中所列扬程，叫作"额定扬程"，此时所对应的流量称为"额定流量"(在此工况下水泵效率最高)。

在实际中，要确定某一流量下的水泵扬程时，只要测出水泵进出口的压力 p_1 和 p_2，并测出水泵流量，再根据流量求出泵进、出口的断面平均流速 v_1 和 v_2，代入式(3-2-6)即可求出水泵扬程 H。

泵出口处压力 p_2 的测定，一般多采用金属压力表(弹簧管压力计)，表盘上压力读数的单位是 kg/cm^2；在水泵进口测定真空值时，多采用金属真空计或采用内装水银的 U 形管，如图3-2-2(b)所示，其读数单位一般用毫米汞柱高表示。但水泵扬程单位是米水柱高，所以在实际应用中，必须把它们换算成米水柱高，现举例说明如下：

【例】 一台水泵，其进、出口面积相等并基本在同一基准线上，今测得泵出口压力计读数为 5 kg/cm^2，进口真空值 $h_1 = 200$ mm 汞柱高，求该泵扬程。

【解】 在进、出口处，由于汞的重度是水的13.6倍，所以 200 mm 汞柱高相当的米水柱高为

$$H_{真} = \frac{13.6 \times h_1}{1\,000} = \frac{13.6 \times 200}{1\,000} = 2.72(\text{m 水柱高})$$

在出口处，计表读数为 5 kg/cm^2，即 50 m 水柱高，但出口处②点的压力应该是该读数相应的水柱高再加上从压力计中心到②点间的垂直距离 Δh_2，设此项超高为 0.5 m，则泵出口的压扬程为

$$h_2 = 50 + 0.5 = 50.5(\text{m 水柱高})$$

对进口处的真空值，可不计入此项超高值，因连接真空计的小管中没有水，所以根据式(3-2-7)得水泵扬程为

$$H = H_{真} + h_2 = 2.72 + 50.5 = 53.22(\text{m 水柱高})$$

2-4 问：什么叫"净扬程"和"所需净扬程"？它们和"水泵扬程"有何区别和联系？

答：净扬程(又称实际扬程、几何扬程、地形扬程等)是指进水池水面到出水池水面间的垂直距离(对自由出流指的是到管出口中心的距离)，即实际的扬水高度，如图3-2-2(a)所示，它主要取决于排灌区的地形。所需扬程是指把单位质量(如 1 kg)的水扬 $H_{净}$ 高度所需要的能量。因为扬水必须通过管道，所以把水扬送 $H_{净}$ 高度所需的能量，除把水

的位能提高 $H_净$ 外,还要加上因克服水和管路之间的摩阻而损耗的能量,即所需扬程 $H_需$ 应该是:

$$H_需 = H_净 + h_损 = H_净 + (h_{进损} + h_{出损}) \qquad (3\text{-}2\text{-}8)$$

式中:$h_损$ 为每单位水重由于管路摩阻而损失的能量(或称损失扬程);$h_{进损}$ 和 $h_{出损}$ 分别是进水管和出水管的损失扬程。

在选择水泵时,所需扬程 $H_需$ 是选定水泵扬程 H 的依据。为了满足扬水需要,所选水泵扬程 H 应大于或等于 $H_需$,即 $H \geqslant H_需$。显然,H 和 $H_需$ 是两个不同的概念,$H_需$ 是把水扬至某一高度所需要的能量,H 是水泵本身所能提供的能量(扬程),供需平衡或供大于需才能完成扬水任务。在实际中为了计算 $H_需$,常根据管路长短粗估 $h_损 = (10\% \sim 20\%) H_净$,求出 $H_需$,然后选定水泵扬程 H。当管路有关尺寸确定后,再求出较准确的 $h_损$ 加以校核。绝不能根据 $H_净$ 的大小去选定水泵的扬程。

在水泵运行中,不管流量如何变化,H 和 $H_需$ 始终保持恒等,即 $H \equiv H_需$。譬如说,由于某种原因 $H_需$ 减少(如出水池水位下降),这时将出现 $H > H_需$,但这是不可能的,因为水泵有了多余的能量,必然使管中流速加快,流量增加,由此而导致管路损失扬程 $h_损$ 的增大,所以 $H_需$ 加大,二者又达到新的平衡工况。反之,$H < H_需$,例如出水池水位上升,管中流速减慢,H 增大并自行调整到满足 $H \equiv H_需$ 的条件,如图 3-2-2(a)和图 3-2-3 所示。

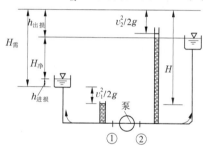

图 3-2-3　净扬程、所需扬程和水泵扬程关系示意图

2-5 问:什么叫水泵的"吸上真空高度""临界吸上真空高度""允许吸上真空高度"和"吸水高度"? 它们之间有什么关系? 水泵吸水高度怎么计算?

答:不要把水泵的"吸上真空高度"和"吸水高度"混为一谈。

所谓水泵的吸上真空高度,是指以米水柱高表示的水泵进口处的真空值 $H_真$,见图 3-2-2(a)。

水泵的临界吸上真空高度 $H_{临真}$,是在过泵流量保持不变时设法改变水泵进口处真空值,当其真空值增大(即绝对压力减小)到某一数时,泵的叶轮进口附近的水发生汽化,泵中开始出现汽蚀,这时,在水泵进口以米水柱高表示的真空值叫临界吸上真空高度;当流量变为另一个不变值时,用同法可得这一流量时的另一临界吸上真空高度值。对一台水泵而言,相应于每一流量,有一个与之相应的固定的 $H_{临真}$ 值。由于流量越大,叶轮进口处的流速越大,泵内越容易出现汽蚀,所以水泵的临界吸上真空高度 $H_{临真}$ 随流量的增加而减少。显而易见,$H_{临真}$ 就是最大流量所对应的"吸上真空高度"值。大于此值由于出现汽蚀,泵就不能正常运行了。$H_{临真}$ 的大小和吸水管路无关,主要取决于水泵叶轮进口的结构和过泵流量。

为使水泵不发生汽蚀,保证水泵正常工作,水泵入口处的真空值应小于$H_{临真}$值。为此,提出了"允许吸上真空高度"$H_{允真}$的概念,它是相应流量时,最大允许的水泵进口处的真空值,该值应小于$H_{临真}$。根据我国一机部的规定:

$$H_{允真} = H_{临真} - 0.3 \quad (m)$$

水泵的吸水高度是指从吸水池水面到泵轴中心线(对卧式泵)或叶轮中心线(对立式泵)的垂直距离,如图3-2-4所示。泵轴中心线或叶轮中心线在水池水面以上时,叫正吸水高度;反之,叫负吸水高度。

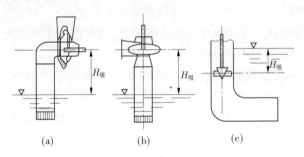

图 3-2-4　水泵吸水高度

我们可以把水泵吸水高度$H_{吸}$想象为吸水管中不流动时水泵进口处真空值。这时假定进口处绝对压力为$h_{1(绝)}$,则两者之和应等于大气压力$H_{大气}$,如图3-2-5所示。

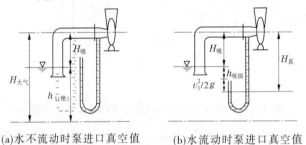

(a)水不流动时泵进口真空值　　　(b)水流动时泵进口真空值

图 3-2-5　$H_{吸}$ 和 $H_{真}$ 的关系示意图

水一旦流动,进口处的真空值将进一步扩大,即其绝对压力(或压能)下降,其压能的一部分转换为水泵进口处的动扬程$v_1^2/2g$;同时由于水沿管道流动至进口处,各种水力摩阻也要消耗一部分压能,设所损失的扬程为$h_{吸损}$。这时,水泵进口处的真空值将是(见图3-2-5):

$$H_{真} = H_{吸} + \frac{v_1^2}{2g} + h_{吸损} \tag{3-2-9}$$

或

$$H_{吸} = H_{真} - \frac{v_1^2}{2g} - h_{吸损} \tag{3-2-10}$$

如将式(3-2-10)中的$H_{真}$用额定流量时的$H_{允真}$代替,求出的$H_{吸}$就是该流量时最大允许的吸水高度,即

$$H_{允吸} = H_{允真} - \frac{v_1^2}{2g} - h_{吸损} \tag{3-2-11}$$

在实际应用式(3-2-11)时应注意:

其中 $H_{允真}$ 一般是指大气压为 10.3 m 水柱高,水温在 20 ℃条件下,额定流量时的水泵进口的"允许吸上真空高度",可从水泵铭牌或样本中查得。气压的降低和水温的升高都会使 $H_{允真}$ 值变小,从而降低了水泵的吸水高度,所以应对该值进行修正。

大气压的修正值为

$$\Delta H_{大气} = 10.3 - H_{大气} \tag{3-2-12}$$

式中: $H_{大气}$ 为水泵安装地点的大气压力(米水柱高),可从有关手册中查出;大气压力也可根据海拔每升高 900 m,大气压力降低 1 m 水柱高进行估算。

不同的水温有不同的汽化压力 $p_{汽}/\gamma$ 值,水温越高, $p_{汽}/\gamma$ 值越大,如表 3-2-1 所列。

表 3-2-1　不同水温时的 $p_{汽}/\gamma$ 值

水温(℃)	5	10	20	30	40	50	60	70	80	90	100
$p_{汽}/\gamma$(m 水柱高)	0.09	0.12	0.24	0.43	0.75	1.25	2.02	3.17	4.82	7.14	10.33

校正后的允许吸上真空高度 $H'_{允真}$ 为

$$H'_{允真} = H_{允真} - \Delta H_{大气} - p_{汽}/\gamma \tag{3-2-13}$$

为吸水可靠起见,常把式(3-2-11)算出的 $H_{允吸}$ 值再降低 0.3～0.5 m。

2-6 问:什么叫水泵"流量"和"额定流量"? 怎样用简易方法计算水泵的额定流量?

答:水泵流量又叫出水量,是指水泵出口断面单位时间内所流过的水的体积或重量,水泵流量的单位多采用"L/s""m³/h"或"t/h"等。因 1 m³ 的水为 1 000 L,起重量约为 1 t,所以各单位的换算关系是:

$$1 \text{ L/s} = 0.001 \text{ m}^3/\text{s} = 3.6 \text{ m}^3/\text{h} = 3.6 \text{ t/h}$$

流量单位还有其他表示方法。表 3-2-2 列出了各单位间的换算关系。

表 3-2-2　流量单位换算表

L/s	m³/s	m³/h 或 t/h	gal/min(英)	gal/min(美)	ft³/h	ft³/min
1	0.001	3.6	13.197	15.851 4	127.14	2.119
1 000	1	3 600	13 197	15 851.4	127 140	2 119
0.277 8	0.000 278	1	3.665 8	4.403 2	35.317	0.588 0
0.075 8	0.000 076	0.272 8	1	1.201 1	9.643 2	0.160 56
0.063 1	0.000 063	0.227 1	0.832 5	1	8.020 8	0.177 68
0.007 87	0.000 007 9	0.028 3	0.103 8	0.124 7	1	0.166 68
0.471 9	0.000 47	1.698 9	6.227 9	7.485 5	60	1

每种型号的水泵,流量都有一定的范围。所谓"额定流量",是指水泵效率最高时所对应的流量。水泵铭牌或产品样本上标出的流量,就是指这一流量。如果水泵在大于或小于额定流量下运行时,水泵效率都会降低,偏离越远,降低越多。从使用观点看,应力求使泵在额定流量下运行,以降低抽水成本。当为水井选配水泵时,应使泵的额定流量和井的最大可能涌水量相符。

一般来说,水泵进水口直径 d 越大,泵的流量越大,它和泵进口直径 d 的平方成正比。当水泵铭牌丢失又无样本可查时,我们可以用下列简易公式估算出泵的额定流量。

对单级离心泵:

$$Q = 1.35d^2 \quad (\text{L}/\text{s}) \tag{3-2-14}$$

式中: d 为以 in 表示的水泵进水口直径(下同)。

式(3-2-14)对口径为 12 ~ 14 in 单级离心泵的估算值偏差较大。为此,对 12 ~ 14 in 的泵可用下列较为精确的经验公式估算:

$$Q = 0.24d^{2.75} \quad (\text{L}/\text{s}) \tag{3-2-15}$$

对卧式多级离心泵和进水口直径在 10 in 以下的卧式混流泵:

$$Q = d^2 \quad (\text{L}/\text{s}) \tag{3-2-16}$$

对泵进水口直径为 12 ~ 20 in 的卧式混流泵:

$$Q = 1.4d^2 \quad (\text{L}/\text{s}) \tag{3-2-17}$$

由此可见,只要从外表区分出泵型并量出泵进口直径(以 in 表示),代入上列相应公式即可求出其"额定流量",方法极为简捷。

【例】 今有一无铭牌双吸单级离心泵,量得其进水口直径为 12 in,问其额定流量是多少?

【解】 由式(3-2-14)得:

$$Q = 1.35 \times 12^2 = 194.4(\text{L}/\text{s})$$

但由于其直径为 12 ~ 14 in,所以应采用较准确的式(3-2-15)计算,即

$$Q = 0.24 \times 12^{2.75} = 222.8(\text{L}/\text{s})$$

验证:从样本上查得 12SH 双吸单级离心泵的额定流量为 220 L/s,两者基本相符。

2-7 问:改变水泵的出水量有哪些方法?

答:在泵站运行中,有时为了提高机组运行效率,防止水泵汽蚀,要求对水泵的流量进行调节,以满足实际需要。

怎样调节泵的水量呢? 最简单的方法是用安装在出水管上闸阀的开或关来实现,这对小型离心泵来说是一种简而易行的节流方法。但对大、中型泵,采用关阀节流不仅由于阀门阻力大浪费大量能量,而且会引起水流紊乱导致阀门甚至管路的振动。所以,一般不多采用此法,常采用以下三种节流方法:

1. 变速调节法

水泵转速高,则流量、扬程都增大,反之变小。改变转速的方式可采用直流电动机,改变其串联电阻值即可改变电动机转速,从而改变水泵转速。近年来也有采用变频率调速的,即改变输入电动机电源的频率,达到改变转速的目的,这是一种较好的调节方式,但需要增设一套变频设备。对间接传动的水泵可利用不同直径齿轮或皮带轮增大或减小其转速,对大、中型泵还可采用液力联轴器,即用水或油传动的联轴器(靠背轮),通过改变通入其中的液量来改变转速,但设备较复杂。

2. 变径调节

把水泵叶轮外径适当车削以减少水泵的流量。叶轮外径车削量 ΔD_2 可根据所需调节流量或扬程用下式计算:

$$\Delta D_2 = \left(1 - \frac{Q_a}{Q}\right) D_2 \tag{3-2-18}$$

或
$$\Delta D_2 = \left(1 - \sqrt{\frac{H_a}{H}}\right) D_2 \tag{3-2-19}$$

式中:Q、H 分别为原水泵的流量和扬程;Q_a、H_a 分别为变径后的水泵流量和扬程。

为使变径后的水泵效率不致降低过大,车削量一般应小于 10%。

变径方法还可以适当扩大水泵的适用范围。例如有些水泵型号,在泵体尺寸不变的情况下,仅装有不同外径尺寸的叶轮,即可满足不同流量、扬程的需要。如水泵规格表中除有 3B19 型泵外,还列有 3B19A 和 3B19B,表示其叶轮外直径不同,其值分别是 132 mm、120 mm 和 110 mm。

3. 回流调节法

在水泵出水管和进水管之间外接一回流管,调节回流管上的阀门以控制水泵的出水流量。这种方法简单易行,且能适当增大泵进水口处的压力,有利于改善水泵的汽蚀性能。但由于回流而无谓地消耗一部分能量,运行不够经济。

除此,对轴流泵可采用变角调节,即通过传动机构改变叶轮叶片的倾斜角度来改变流量。对具有多台水泵的泵站,一般还可利用开机的台数控制调节其出水量。

2-8 问:有人认为,水泵安装在进水池水面下越深,水泵的扬程和流量越大,这种说法对吗?

答:这种说法是不对的。水泵本身能供给的流量和扬程取决于泵的尺寸和转速。尺寸和转速越大,流量和扬程也越大。在额定转速下,对离心泵其扬程为 $H = 0.00012 D_2^2 n^2$(D_2 是叶轮的外径,n 是泵的转速,单位分别是 m 和 r/min)。一定的扬程对应一定的流量,反之亦然。所以对一台泵来说,表示其工作参数间关系的特性曲线,例如 $Q \sim H$ 曲线并不随泵的安装位置、灌注水头的大小和管路特性的变化而变化,而是泵本身所固有的。当水泵具有灌注水头时,如图 3-2-6 所示。

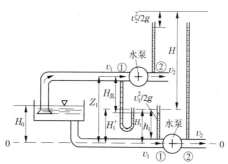

图 3-2-6 水泵安装位置不同时,其扬程示意图

表面上看,水泵进口①处的水头好像提高了 H_0,但实际上,水泵进、出口是连通的。停机时泵进、出口处的压头相等,即都等于 H_0。启动后,水泵进口处由于水的流动以及进水管有水头损失,所以该处测压管中水面比进水池水面要低。如果以水泵轴心线 0—0 为基线,则泵进口①处的总比能是 $H_1 = h_1 + \dfrac{v_1^2}{2g}$。水泵则以此进口比能为基础把一定能量

传给水,在泵出口②处,其中比能增至 H_2,水流所获得的总比能,即水泵扬程为 $H = H_2 -$
H_1。如果把该泵改为有效吸上高度的安装型式,而保持管路尺寸、直径不变(见图 3-2-6
上面所示水泵)。这时水泵进口①处的总比能是相等的,因此其总扬程 H 也相等。可见,
并没有因为把水泵安装在进水池水面下而提高了水泵的扬程;因扬程未变,根据水泵特性
可知,一定的扬程对应一定的流量,所以其流量也不变,即水泵流量不会增大。

2-9 问:能否改变水泵的转速? 提高水泵的转速为什么有时会烧坏电动机?

答:因为各种水泵都是根据一定的转速设计的,所以水泵应在其设计转速(即额定转
速)下运行,不能轻易改变。

当转速提高时,不仅泵承受的水压力增大,需要验算水泵部件、管路强度,而且其流
量、扬程和轴功率均有所增大。根据水泵相似理论,水泵各参数之间有下列关系:

$$\left.\begin{array}{l} \dfrac{Q_1}{Q_2} = \dfrac{n_1}{n_2} \\[2ex] \dfrac{H_1}{H_2} = \dfrac{n_1^2}{n_2^2} \\[2ex] \dfrac{N_1}{N_2} = \dfrac{n_1^3}{n_2^3} \end{array}\right\} \tag{3-2-20}$$

式中:Q_1、H_1、N_1 分别为转速为 n_1 时的流量、扬程和轴功率;Q_2、H_2、N_2 分别为转速为 n_2 时
的流量、扬程和轴功率。

可见,转速提高后,水泵的流量 Q、扬程 H 和轴功率 N,分别按和转速 n 的一次方、二
次方和三次方成比例地增加。

例如,当水泵额定转速 $n = 1\,450$ r/min 时,水泵的轴功率为 2 kW,配套电动机的功率
为 2.2 kW,如果将转速增大至 $n = 2\,900$ r/min,则其轴功率为

$$N_2 = \frac{n_2^3}{n_1^3} N_1 = \frac{2\,900^3}{1\,450^3} \times 2 = 16 \text{ (kW)}$$

这时,水泵的轴功率是原有轴功率的 8 倍,大大超过了电动机的配套功率(即 2.2
kW)。所以,当电动机保护失效或无保护设备时,会很快烧毁电动机。

因此,当对水泵提高转速使用时,必须核算其配套的电动机功率是否能满足需要。除
此,提高转速后,有时还会引起水泵振动、汽蚀等,所以在实际中应尽量避免采用。

2-10 问:水泵汽蚀是怎么回事? 怎样预防和减弱水泵汽蚀?

答:汽蚀是由于水的汽化而引起的一种剥蚀作用。要了解汽蚀是怎么回事,首先得从
汽化谈起。所谓汽化,是液体由液态转为气态的一种物理现象。我们平常所说的"水开
了",就是在一个大气压力作用下,把水加热到 100 ℃时所出现的大量水分子转化为气体
(水蒸气)的液体汽化现象。如果压力小于一个大气压,水不到 100 ℃也会沸腾(汽化)。
例如在 0.5 个大气压的高山上(相应海拔 5 000 多 m)烧水,80 ℃多一点水就开了。这是
因为压力越小,水分子越容易从水中逸出而变成水蒸气。如果保持水温一定,逐渐抽出密
封盛水容器中的空气,当水面压力降低到某一值时,容器中的水开始大量汽化,这时的压
力叫作水在该温度下的汽化压力。不同水温时的汽化压力见表 3-2-1 所列,并用符号
$p_汽/\gamma$ 表示。从表中可以看出,水温越低,汽化压力也越低。

在泵进口处,由于吸水高所形成的真空,以及叶轮高速旋转,该处压力往往很低,这就为水的汽化提供了条件。当其压力降低到当时水温的汽化压力时,由于汽化而形成的大量水蒸气气泡,随未汽化的水流入叶轮内部高压区,气泡在高压作用下又重新凝结成水,这时气泡在极短的时间内破裂,气泡周围的水迅速向破裂气泡的中心集中而产生很大的冲击力。靠近叶轮壁面的气泡破裂时,其冲击力就作用在壁面上,壁面在这种冲击力的反复作用下,起初是出现麻面,继而变成蜂窝,严重时,壁面可能在短期内被蚀穿,这就是所谓的汽蚀现象。一般在出现汽蚀的同时还伴随有气泡破裂的劈啪、轰鸣声和振动等。由于还有一部分没破裂的汽泡随水流流出水泵,所以泵的流量有所减小,扬程、效率也有下降,甚至使供水中断。

怎样预防水泵汽蚀呢? 最主要的就是使泵进口附近的压力不要过分降低,防止水的汽化,具体措施如下:

(1)正确地确定水泵的吸水高度,以保证叶轮进口处压力不低于汽化压力。

(2)尽量减小吸水管路中的损失水头。因为该项损失越大,水泵进口处的压力降低越多,水就越容易汽化。如尽量缩短吸水管的长度、减少管路上的附件、管内壁应光滑和适当加大吸水管径等。

(3)水泵落井安装。如果由于吸水高过大而造成汽蚀,可以把泵安装在井下或地面以下,靠近吸水水面。

(4)利用射流提高泵进口处的压力。如图 3-2-7 所示,射流从旁通管 1 末端的喷嘴 2 射出,将一部分动能转变为压能。根据试验,采用这种方法在进口增加的压力值 ΔH 可用下式计算:

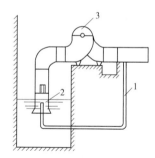

$$\Delta H = 4.07H\left(\frac{d}{D_{吸}}\right)^{7/3} \quad (\text{m}) \qquad (3\text{-}2\text{-}21)$$

式中:H 为水泵扬程;D 为喷嘴直径;$D_{吸}$ 为吸水管直径。

这种方法虽能提高进口处的压力,但由于要形成射流就需要一部分流量,减小了水泵的出水量,因而比值 $d/D_{吸}$ 不宜过大。

1—旁通管;2—喷嘴;3—水泵

图 3-2-7 利用射流提高泵进口压力

(5)尽量使水泵在额定工况下运行。如果水泵在低于额定扬程或大于额定转速下运行,过泵流量必然大于额定流量,叶轮进口处的水流速度必然提高,该处压力将进一步降低;同时使该处进水条件恶化,易形成液流脱壁而产生局部低压区使水汽化。可见,水泵不应随意在降低扬程或提高转速情况下运行。

除此,从设计、制造方面看,水泵叶轮进口的形状和尺寸应合理,或在泵进口设置诱导轮,采用抗汽蚀材料制造泵件等。近些年来,有些单位采用尼龙粉或环氧树脂砂浆等涂复(或喷复)叶轮,防止汽蚀,也收到一定的效果。

2-11 问:什么叫"汽蚀余量"或"NPSH"? 怎样利用汽蚀余量计算吸水高度? 它与吸上真空高度有何区别和联系?

答:汽蚀余量,也叫"净正吸入水头"(以符号 *NPSH* 表示),是用以计算水泵吸水高度的另一种方法。我们知道,当水由水泵进口流至叶轮叶片入口附近时,由于沿程过流断面不断缩小使流速增大,同时水在这段流程和流入叶轮时,都有水头损失,因此叶轮叶片入口附近水流的压力比水泵进口处的压力还要低,当该处某点的压力低至汽化压力 $p_{汽}$ 时,水泵内部就会开始发生汽蚀。这时在水泵进口的绝对压力如果是 $p_{1(绝)}$,流速是 v_1,并以泵轴为基线其总比能(总水头)为 $p_{1(绝)}/\gamma + v_1^2/2g$。如果从总比能中减去叶片入口压力最低点的压力水头(这时该点压力为汽化压力,其压头为 $p_{汽}/\gamma$),即

$$\frac{p_{1(绝)}}{\gamma} + \frac{v_1^2}{2g} - \frac{p_{汽}}{\gamma} = \Delta h_{临} \tag{3-2-22}$$

则该值就是泵内不出现汽蚀时,泵进口处所剩余能量的极限值,叫作"临界汽蚀余量",以符号 $\Delta h_{临}$ 表示。换句话说,它就是泵中不出现汽蚀时,泵进口处扣除汽化压力净值剩的,以正压(即绝对压力)表示的所必需的吸入水头,简称"必需的净正吸入水头",以符号 $(NPSH)_r$ 表示。因此,对每台泵都可用试验方法求出其不同流量时相应的 $\Delta h_{临}$ 或 $(NPSH)_r$ 值。显而易见,$\Delta h_{临}$ 只和水泵进口段水流条件以及过泵流量有关。临界汽蚀余量或 $(NPSH)_r$ 值越小,说明其吸水性能越好。

另外,水从吸水池经过吸水管流至水泵进口时,该处的真空值为(见式(3-2-9)):

$$H_{真} = H_{吸} + \frac{v_1^2}{2g} + h_{吸损}$$

将 $H_{真} = H_{大气} - p_{1(绝)}/\gamma$,代入上式并整理得:

$$\frac{v_1^2}{2g} + \frac{p_{1(绝)}}{\gamma} = H_{大气} - H_{吸} - h_{吸损}$$

将上式两端同时减去 $p_{汽}/\gamma$,并令

$$\Delta h = \frac{v_1^2}{2g} + \frac{p_{1(绝)}}{\gamma} - \frac{p_{汽}}{\gamma} \tag{3-2-23}$$

移项后,可得计算吸水高度公式为

$$H_{吸} = H_{大气} - \frac{p_{汽}}{\gamma} - h_{吸损} - \Delta h \tag{3-2-24}$$

式中:Δh 为水流经管路情况下,水泵进口总比能和汽化压力之差(见式(3-2-23)),我们把它叫作水泵进口所具有的或可能提供的汽蚀余量(或称可利用的,即实际提供的净正吸入水头,以符号 $(NPSH)_a$ 表示)。显然,它和水泵结构是无关的。相应地,我们可把上述根据试验所确定的临界汽蚀余量视为水泵进口处所需的汽蚀余量,提供的应大于或等于需要的,即当 $\Delta h \geqslant \Delta h_{临}$ 时水泵才不会发生汽蚀。为此,在实际中均采用所谓的"允许汽蚀余量"代替 $\Delta h_{临}$。根据我国一机部颁发的标准:

$$\Delta h_{允许} = \Delta h_{临} + 0.3(\text{m 水柱高})$$

如果用 $\Delta h_{允许}$ 代替式(3-2-24)中的 Δh,则代入该式即可求出水泵允许吸水高度,即

$$H_{吸} = H_{大气} - \frac{p_{汽}}{\gamma} - h_{吸损} - \Delta h_{允许} \tag{3-2-25}$$

式(3-2-25)就是利用汽蚀余量计算吸水高的基本公式,$\Delta h_{允许}$ 可从有关手册或样本中查出。对排灌用的轴流泵,由于吸水管短,水温不高,式(3-2-25)可简化为

$$H_{吸} = H_{大气} - \Delta h_{允许} \approx 10 - \Delta h_{允许} \tag{3-2-26}$$

如果 $\Delta h_{允许}$ 值无法得知,也可采用经验公式估算,这里只介绍国内外较为常用的托马公式:

$$\Delta h_{临} = \sigma H \qquad (3\text{-}2\text{-}27)$$

式中:H 为水泵扬程,m,对多级泵取单级叶轮扬程;σ 为托马系数,该值和水泵比转速 n_s 有关。

对单级单吸泵: $\qquad\qquad \sigma = 0.000\ 216\ n_s^{\frac{4}{3}} \qquad (3\text{-}2\text{-}28)$

对单级双吸泵: $\qquad\qquad \sigma = 0.000\ 137\ n_s^{\frac{4}{3}} \qquad (3\text{-}2\text{-}29)$

必须注意,式(3-2-28)和式(3-2-29)仅适用于水泵的额定工况。从汽蚀余量(净正吸入水头)的含义中可以看出,对一台泵来说,水温和大气压的变化并不会导致临界汽蚀余量值发生变化。例如水温升高,虽然叶轮入口处的汽化压力有所提高,但为使泵中不出现汽蚀,水泵进口的总比能也相应提高,两者之差值并不发生变化;另外,由于水的汽化压力和泵进口处的绝对压力均不随大气压力而变,所以汽蚀余量也不随大气压力变化而变化。这说明,当利用汽蚀余量计算水泵吸水高时,无需对其进行大气压力和水温的修正,直接代入有关公式即可,计算较简便。

用吸上真空高度计算吸水高度时,由于水温和大气压力的改变都会使泵进口处的真空值发生改变,所以要进行这两项修正,计算比较麻烦,但其物理概念较清晰易懂,多用于离心泵和混流泵的计算。它和用汽蚀余量计算吸水高度的方法并没有本质区别,只是计算的出发点不同而已,不难证明,它们之间有下列换算关系:

$$\Delta h_{临} = \frac{v_1^2}{2g} + \frac{p_{1(绝)}}{\gamma} - \frac{p_{汽}}{\gamma} \quad (参看式(3\text{-}2\text{-}23))$$

但 $\dfrac{p_{1(绝)}}{\gamma} = H_{大气} - H_{临真}$,代入上式则得

$$\Delta h_{临} = H_{大气} - H_{临真} + \frac{v_1^2}{2g} - \frac{p_{汽}}{\gamma} \qquad (3\text{-}2\text{-}30)$$

可见,知道了 $H_{临真}$,即可求出 $\Delta h_{临}$,反之亦然。

2-12 问:什么叫水泵效率?怎样提高水泵效率?

答:水泵效率 $\eta_{泵}$ 是衡量水泵工作效能高低的一项技术经济指标。它是指水泵的有效功率 $N_{有效}$ (即水泵输出功率)和水泵轴功率 $N_{轴}$ (即水泵输入功率)之比,其表达式为

$$\eta_{泵} = \frac{N_{有效}}{N_{轴}} \times 100\% \qquad (3\text{-}2\text{-}31)$$

式中:$N_{轴}$ 实际上是原动机传给泵轴上的功率,一般可实际测得,而有效功率可用下式计算:

$$N_{有效} = \frac{\gamma QH}{102}(\text{kW}) = \frac{\gamma QH}{75}(\text{马力}) \qquad (3\text{-}2\text{-}32)$$

式中:γ 为水的重度,在常温下 $\gamma = 1\ 000\ \text{kg/m}^3$;$Q$、$H$ 分别为泵的流量(m^3/s)和扬程(m)。

当水泵给出的流量 Q 和扬程 H 一定时,水泵的效率高,说明输入功率 $N_{轴}$ 小,节约了能源;如果输入的功率相同,$\eta_{泵}$ 高,表明有效利用的能源多,扩大了灌、排效益。因此,在实际运用中应尽力提高水泵效率。市场上水泵效率一般在 65% ~90% ,大型泵可达 90%

以上。

水泵有效功率总是小于轴功率的,这是因为在水泵把能量传给水的过程中,存在着各种能量损失,其中包括机械损失、水利损失和容积(流量)损失。

机械损失主要有水泵填料、轴承和泵轴间的摩擦损失,叶轮前后轮盘旋转和水的摩擦损失等,从使用观点看,为了减少机械摩擦损失,水泵填料要压得松紧适度。过紧了,磨损增大;太松了,漏损水量增多。还应经常检查轴承润滑情况,不可缺油,油质要符合标准。叶轮的轮盘表面应光滑,防止锈蚀以减少摩擦损失。

水力损失主要由水流经泵的过流部分(如叶轮、泵壳等)产生的水力摩擦、涡流和水力撞击等项损失所形成。水泵过流部分的壁面越粗糙,水泵运行偏离额定工况越远,此项损失也越大。因此,应尽量保持叶轮、泵壳内壁光滑,避免锈蚀、堵塞,并力求使水泵在额定工况下工作,以减少水流的涡流和撞击损失。

容积损失是指水在流经水泵后所漏损的流量,包括从口环间隙、水泵填料密封和叶轮平衡孔等处所流失的水量。其中,口环间隙对漏损流量的影响较大,此间隙一般规定为 $0.2 \sim 0.4$ mm。实践表明,当口环间隙从 0.3 mm 增大到 1 mm 时,漏损流量从 3.5% 增加到 18.7%,为原漏损量的 5.3 倍。因此,当发现口环磨损时,应及时修理或更换。

以上三项损失中,水力损失占主要地位,它们的大小分别用机械效率 $\eta_{机}$、水力效率 $\eta_{水}$ 和容积效率 $\eta_{容}$ 表示,效率值越大,说明其损失越小。水泵的总效率 $\eta_{泵}$ 是三者效率的乘积,即

$$\eta_{泵} = \eta_{水}\,\eta_{机}\,\eta_{容} \qquad\qquad (3\text{-}2\text{-}33)$$

由上述可见,水泵效率的高低,在很大程度上取决于水泵的使用情况,如果维修和使用不当,即使制造出高效率的水泵,也达不到高效低耗经济运行的目的。

2-13 问:"装置效率"指的是什么?怎样提高装置效率?

答:泵站工程中水泵必须配备原动机、管路系统及传动设备等才能工作。由这些设备所组成的抽水总体叫作抽水装置。

水泵效率仅反映了泵本身对功率的有效利用率;而装置效率则能综合反映整个抽水装置效能发挥得如何,它是指水由机组扬至出水管处(即出水池)实际所得功率(一般称装置有效功率 $N_{装}$)和输入原动机功率 $N_{输入}$ 之比。该值越大,说明抽水装置在功率传递过程中损失的能量越小,抽水装置有效利用的功率越多。其中的能量损失包括动力机、水泵、管路、传动设备中各种电气、水力、机械、容积等项损失。各项设备能量损失大小(即功率利用率)可分别用动力机效率 $\eta_{动}$、传动效率 $\eta_{传}$、水泵效率 $\eta_{泵}$ 和管路系统效率 $\eta_{管}$ 表示。$\eta_{动}$ 和 $\eta_{传}$ 的计算公式如下:

$$\eta_{动} = \frac{N_{输出}}{N_{输入}} \times 100\% \qquad\qquad (3\text{-}2\text{-}34)$$

$$\eta_{传} = \frac{N_{轴}}{N_{输出}} \times 100\% \qquad\qquad (3\text{-}2\text{-}35)$$

式中:$N_{输出}$、$N_{输入}$ 分别为动力机的输出功率和输入动力机的功率;$N_{轴}$ 为水泵轴功率,即水泵的输入功率。

$\eta_{泵}$ 按式(3-2-31)和(3-2-32)计算。

$\eta_{管}$的计算公式如下：

$$\eta_{管} = \frac{N_{装}}{N_{有效}} \times 100\%$$ (3-2-36)

$$N_{装} = \frac{\gamma Q_{管} H_{净}}{102}(\text{kW}) = \frac{\gamma Q_{管} H_{净}}{75}(\text{马力})$$

式中：$Q_{管}$为水泵出水管口的流量，m^3/s；$H_{净}$为水泵净扬程，m，即出水池和进水池水面间的高程差。

将上式和式(3-2-32)代入式(3-2-36)得

$$\eta_{管} = \frac{Q_{管} H_{净}}{QH} \times 100\%$$ (3-2-37)

其装置效率$\eta_{装}$应为上述四项效率的连乘，即

$$\eta_{装} = \eta_{动} \eta_{传} \eta_{泵} \eta_{管} = \frac{N_{装}}{N_{输入}} \times 100\% = \frac{\gamma Q_{管} H_{净}}{102 N_{输入}} \times 100\%$$ (3-2-38)

式中：$N_{输入}$的单位为 kW。

可见，只要实际测定出动力机的输入功率、管出口流量和净扬程，即可用式(3-2-38)求出装置效率。

如系直接传动，$\eta = 1$，则式(3-2-38)变为

$$\eta_{装} = \eta_{动} \eta_{泵} \eta_{管}$$ (3-2-39)

而其中的动力机效率和水泵效率的乘积叫作机组效率，即

$$\eta_{机组} = \eta_{动} \eta_{泵}$$ (3-2-40)

装置效率的提高和很多因素有关。首先必须机、泵、管合理配套，避免"大马拉小车"或"小马拉大车"；管路直径必须配合适当，直径过小，不仅增加摩阻，水泵出水量也受到限制。其次，水泵应尽量在额定工况下工作，因偏离额定工况越远，机组效率越低。除此，管路布置应力求缩短，减少管件、转弯等；管子磨蚀、漏水应及时检修或更换，以减少管路摩阻。另外，如进水池水流条件不良，出现回流、漩涡，对进水量和机组运行也有显著影响。所以，应合理选定进水池形式和尺寸，防止池中出现回流和漩涡，还要注意加强对机、泵、管的维修和养护，使之经常处于良好的运行状态。

对中、小型泵站，如果水泵效率平均取70%，电动机效率取88%，再考虑管路输水损失功率为10%，则装置效率应该是

$$\eta_{装} = \eta_{动} \eta_{泵} \eta_{管} = 0.88 \times 0.7 \times 0.9 \approx 0.55 = 55\%$$

对柴油机配套的泵，一般为间接传动，有传动损失，所以其装置效率不应小于50%。

如果求得的$\eta_{装}$过低，就应对设备进行分析研究，查明原因，进行检修、调整或更换。

2-14 问：什么叫作水泵的"工作特性曲线""工作范围""高效率区"和"经济运行区"？

答：当水泵转速不变时，随着过泵流量Q的改变，水泵的扬程H、轴功率N、水泵效率η和允吸吸上真空高度$H_{允真}$等，都要发生变化。它们之间的关系可用试验方法求得$Q \sim H$、$Q \sim N$、$Q \sim \eta$和$Q \sim H_{允真}$四条曲线表示，这种曲线叫水泵在某一转速下的特性曲线，如图3-2-8所示。从$Q \sim H$曲线可以看出，扬程H随流量的增加而减小，呈下降曲线，但也有少数泵，当流量从零开始增大时，扬程逐渐增加，但增大到某一值后，才随流量的增大而减

小,形成一个驼峰区,由于在该区内水流不稳定,所以水泵不能在此区域内工作。

水泵的 $Q \sim \eta$ 曲线,起初随着流量的增大,泵效率也逐渐增高,但到达某一流量 Q_A 时,效率达最高值 η_{max},然后开始下降。最高效率点所对应的流量称"额定流量"(或称水泵设计流量),此流量对应的扬程称额定扬程,水泵铭牌上示出的流量和扬程就是指这一额定工况而言的,即水泵在这一流量下运行效率最高,如果流量再增大,效率开始降低。当流量增大到某一值时,由于泵中水流流速的增高,导致泵进口处压力降低,水流紊乱,效率和扬程都急剧下降,水泵开始发生汽蚀而使水泵无法工作,从泵流量为零开始(对有驼峰区的泵,从驼峰区外的流量开始稳定时起)到水泵开始发生汽蚀以前的这一流量范围叫水泵的工作范围。水泵型号不同,它的工作范围也不一样,有的宽一些,有的窄一些,例如对定桨叶的轴流泵,它的工作范围就很窄。但在实际运行中,我们总希望水泵在额定工况下或接近额定工况下运行。因此,在 $Q \sim \eta$ 曲线最高效率 η_{max} 值的两侧,我们截取一段效率比较高的区域,要求水泵运行时的效率不要超出这个范围,$Q \sim \eta$ 曲线上的这一特定区域叫作水泵的高效率区。一般要求是,高效率区两端点的效率值和最高效率值相比,其降低值不应超过 6% ~ 8%,对效率低的小型泵可降低 10%。由于水泵类型不同,高效区的范围也有所不同。对应水泵高效率区,在 $Q \sim H$ 曲线上可定出相应的一段线段,并用符号"╪"标出它的范围(见图 3-2-8)。如果水泵工作点(即水泵 $Q \sim H$ 曲线和管路特性曲线的交点)落于此线段范围内,说明水泵运行时效率较高。对叶轮外径尺寸不等的同型号水泵和同型号的多级离心泵,此线段就变成一个框形区域,如图 3-2-9 所示,工作在这个区域内,水泵效率较高,运行也是比较经济合理的。这一高效率区在 $Q \sim H$ 曲线上对应的范围或区域,我们把它叫作水泵的经济运行区。

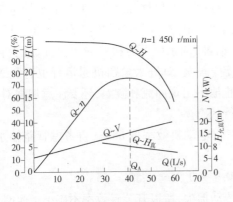

图 3-2-8　离心泵特性曲线(6BA – 12)

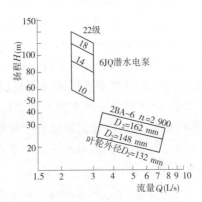

图 3-2-9　"经济运行区"示例

2-15 问:离心泵的泵壳为什么要做成逐渐扩大的蜗壳形?在出口为什么还要加装一个扇形锥管?

答:蜗壳的主要作用是汇集由叶轮甩出的高速水流,并将其平顺地引入出水管中。因为从离心泵叶轮甩出的高速水流都要汇集到一起才能引导出去,所以甩出的流量在沿叶轮外圆周的流程上是逐渐增加的。为使水流能平顺地导出,应保持其流速不变。为此,过流断面必须做成逐渐扩散的。由于扩散流道形状如蜗牛壳,所以叫作蜗壳。事实上,蜗壳各过流断面尺寸就是根据断面平均流速相等,即 $v_c=$ 常数原则计算的;有时也采用 $v_u r=$ 常数计算,即假定蜗壳断面上任意点的水流圆周分速度 v_u 乘以该点距轴心的距离 r 为一常数。这时,沿蜗壳各过流断面的平均流速是渐减的,可将水流的一部分动能转化成压能。但由于各断面平均流速相差有限,所以能量的转化也是有限的,为此,一般都在蜗壳的出口端再接一个扩散性的锥形管,以便降低流速,把大部分动能转化为压能。这样,由于泵出口处流速减小,当水流入出水管时,可减少水流和管路的摩擦损失,提高了水泵运行的经济效果。

应该指出,不管采用哪种蜗壳断面计算方法,由于沿蜗壳各断面水压不尽相同,因此沿叶轮外圆周上各点所受水压不同,将会形成一个径向推力作用在水泵轴上,有时会导致泵轴的断裂。

2-16 问:离心泵口环起什么作用?它和叶轮之间的间隙是不是越小越好?对效率有何影响?

答:因为水泵叶轮是一个转动部件,而泵壳是不动的,所以在叶轮进口外缘和泵壳间必须留有一定的间隙,但为了阻止叶轮甩入泵壳中的高压水经此缝隙大量流回叶轮进水侧,同时为了防止叶轮和泵壳之间产生磨损,使磨损后又便于处理,因此,一般在叶轮进口处的泵壳上镶装一金属圆环,该环称为口环,磨损后可更换。因为口环既可减小漏回流量又能防止泵壳磨损,所以又叫减漏环或承磨环。

对 B 型(或 BA 型)离心泵,口环是平直式的,如图 3-2-10(a)所示,主要靠径向间隙 S 密封。但目前有些工厂采用叶轮和泵壳端面密封方式,如图 3-2-10(b)所示,只要靠轴向间隙 a 密封,它的优点是漏回的水沿径向流出,和平直式口环轴向流出相比,改善了水泵进口处的水流流态;同时这种口环和泵壳之间采用过渡配合,轴向间隙可调整,当磨损后间隙增大,可移动口环,以减小泄漏水量并延长口环的使用寿命。

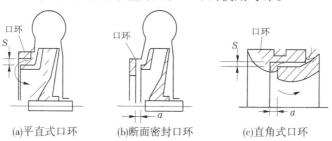

(a)平直式口环   (b)断面密封口环   (c)直角式口环

图 3-2-10 口环型式和间隙示意图

对 SH 型泵,两侧进水口处均装有口环,是直角式的,如图 3-2-10(c)所示。为防止轴向的可能窜动,其轴向间隙 a 比径向间隙 S 大得多。这种型式的口环的优点是,漏水量沿径向流出,同时由于轴向间隙大,漏水流速降低,减小了对进水流态的不良影响。

口环间隙多大比较好呢?原则上说是越小越好。因间隙过大漏水量显著增大,并使水泵入口出水流条件恶化,降低了水泵的容积效率和水力效率。但口环间隙也不能太小,这样不仅增加了制造工艺上的困难,而且运行时会造成机械磨损事故,甚至磨熔而使口环和叶轮咬死。口环轴向间隙一般为 2~5 mm;径向间隙为 0.2~0.4 mm,其值和口环内径大小有关,如表 3-2-3 所列。

表 3-2-3　叶轮与口环径向间隙　　　　　　　　　　　（单位:mm）

口环内径	径向间隙	磨损极限	口环内径	径向间隙	磨损极限
80 ~ 120	0.090 ~ 0.220	0.48	220 ~ 260	0.160 ~ 0.340	0.70
120 ~ 150	0.105 ~ 0.255	0.60	260 ~ 290	0.160 ~ 0.350	0.80
150 ~ 180	0.120 ~ 0.280	0.60	290 ~ 320	0.175 ~ 0.375	0.80
180 ~ 220	0.135 ~ 0.315	0.70	320 ~ 360	0.200 ~ 0.400	0.80

口环间隙漏损流量可根据下式估算:

$$\Delta q = CA \sqrt{2gH_L} = CD_L S \sqrt{2gH_L} \tag{3-2-41}$$

式中:Δq 为漏损流量,m^3/s;C 为漏损系数和间隙长、口环型式等有关,对平直式口环 $C = 0.4 \sim 0.5$,对直角式口环 $C = 0.35 \sim 0.45$;D_L 为口环间隙的平均值,m;S 为径向间隙宽度,m;H_L 为间隙两边水头差,m,当比转速 $n_s = 60$ 时,$H_L = 0.6H$,当 $n_s = 200$ 时,$H_L = 0.8H$,其中 H 是水泵扬程,m。

可见,对一台泵来说,漏损流量和间隙大小成正比。例如有一台泵,间隙长 18 mm,泵的转速 $n = 1\,400$ r/min,据试验,当间隙为 0.3 mm 时,泄漏量为 3.53%,即容积效率 $\eta_容 = 96.48\%$,当间隙增至 0.99 mm 时,泄漏量达 18.7%,$\eta_容 = 81.3\%$,容积效率降低了 15.18%。

2-17 问:离心泵的常用轴封形式有哪几种? 各有什么特点及适用条件?

答:泵站工程中,应用最广的是填料密封。这种密封方法是在泵轴上缠上几圈油浸石棉绳或橡胶带,并用压盖适当压紧完成轴伸端的密封。它结构简单,取材容易,价格低廉,拆装方便,在大、中、小和高、低扬程的离心泵中普遍采用。但易磨损变质,使用寿命短,特别是水中含沙量较大时,因磨损使密封很快失效,经常需要停机更换。近年来国内外已采用了一些新的密封方式,当前应用较广的有橡胶圈油封和机械密封两种。橡胶圈油封(见图 3-2-11)是在油封座 4 内,将 2 ~ 3 个有金属骨架的开口橡胶圈 5 压装在泵轴套 3 上(油封座内充以黄油)并用压盖 8 固定。挡圈 6 装在油封座 4 的内端部,并在挡圈的凹槽中再加装一个橡胶环 7,以增强密封效果。实践表明,这种密封结构简单,维修方便,在扬程不高的水泵中使用效果良好;当扬程较高时,密封效果明显下降。另外,油封橡胶圈和泵轴套直接相磨,因此应对轴套表面进行抗磨处理,如镀铬等,否则易磨成沟槽导致密封失效。但也可把油封橡胶圈开口调向使用,以适当延长其使用寿命。

机械密封如图 3-2-12 所示,是靠由弹簧 3 压紧的静环、动环(见图 3-2-12 中的 5 和 7)光

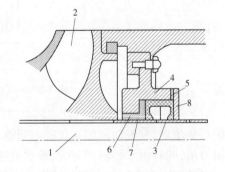

1—泵轴;2—叶轮;3—轴套;4—油封座;
5—橡胶圈;6—挡圈;7—橡胶环;8—油封压盖

图 3-2-11　橡胶圈油封

洁的端面紧密磨合而形成径向密封的,同时由密封橡胶圈4完成轴向密封,以防止水或气沿泵轴泄漏。动环(一般由不锈钢或硬质金属制成)嵌装在动环座8上,随泵轴一起转动;静环(一般为铸锡青铜或塑料等)固定在不动的密封座1中。这种密封方式具有结构紧凑、机械磨损小、密封性能高和使用寿命长等优点。据国外资料介绍,其使用寿命可达30 000～50 000 h。我国一些工业用泵已采用这种机械密封方式。泵站工程用泵,潜水电泵中用得较多;在 BPZ 系列喷灌自吸泵中,也有一部分采用机械密封。但总地来说,应用还不十分广泛,其主要原因是机械密封结构比较复杂,对制造加工工艺要求较高(如动环、静环端面密封面的光洁度要求在 ▽ 10 以上),加之对水质要求高,在浑水中,

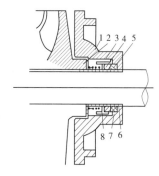

1—密封座;2—垫圈;3—弹簧;
4—橡胶圈;5—静环;6—轴套;
7—动环;8—动环座

图 3-2-12　机械密封

动环、静环端面易被腐蚀而使密封失效。这就限制了这种密封在农业用泵中的推广和使用。

2-18 问:什么情况下宜采用水泵并联方式? 几台水泵并联比较合适?

答:泵站设计中,往往安装多台水泵。通常当扬程较高或输水较远,每条输水水管长超过100 m,或由于地形条件的限制,管线的土石方开挖量较大时,为了节约管材,降低建站投资,常把两台或更多台水泵的出水管并为一条向出水池输水,这种扬水方式叫水泵的并联。

那么几台并联好呢? 为此先研究一下水泵的并联特性。如果并联后的管径不变,则并联的台数越多,每台泵的流量相对越少,图 3-2-13 是两台同型号水泵并联时的特性曲线,其中$(Q \sim H)_{1+2}$曲线是在同一扬程下把一台泵的 $Q \sim H$ 曲线横坐标增大2倍即可绘得。管路特性曲线 $Q \sim H_{需}$ 和曲线$(Q \sim H)_{1+2}$的交点,就是并联后的工作点,其对应流量是 Q_A,每台泵的流量是 $Q_A/2$。如果不并联,由各自

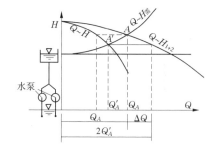

图 3-2-13　同型号水泵并联特性

的出水管分别扬水,则每台泵给出的流量是 Q'_A,由图明显看出 $Q_A/2 < Q'_A$,并联后减小的总流量是

$$\Delta Q = 2Q'_A - Q_A \tag{3-2-42}$$

式中,ΔQ 称并联损失流量,并联台数越多相应的损失流量越大。为了减少损失流量,并联后的管径应适当增大。根据管中经济流速要求,并联管中流速应保持在 3 m/s 左右,这时,并联管径 d 和流量 Q 呈平方根的关系,即 $d \propto \sqrt{Q}$,所以当 Q 增至2倍(两泵并联),管径增大至1.4倍;流量增至3倍(三泵并联),管径增大至1.7倍,以此类推。管径的增大,使 $Q \sim H_{需}$ 曲线变缓,工作点右移,增大了每台泵的流量,所以并联损失流量相应减小。但并联台数越多,管径越大,而当管线出现故障时,会使多台泵不能工作,给制造、安装、运行带来不便。一般多采用 2～4 台并联为一组,很少超过5台。

2-19 问:什么叫水泵串联? 水泵串联时应注意些什么问题?

答:实际工程中有时泵站扬程较高,或将水作远距离输送,一台水泵的扬程不能满足要求,又没有合适的高扬程水泵。这时,往往把一台泵的出水端和另一台泵的进水端相联,以扬程接力形式,把水扬至高处或压送至远处,这种运行方式叫水泵的串联。那么,在串联时应注意一些什么问题呢?

两台水泵串联时的工作点,应位于每台泵的高效率区内,如图 3-2-14 所示。A 点是两台同型号泵串联时的工作点,由 A 点作垂线交单台泵的 Q~H 曲线于 A' 点,交 Q~η 曲线于 A″ 点。从图中可以看出,这时工作点恰好落于泵的高效率区,这样的串联运行才是经济合理的。

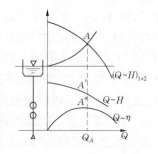

图 3-2-14 两同型号水泵串联

串联运行的水泵,其流量最好相等或相差不大;其扬程应高低相配,并把低扬程泵置于高扬程泵的前面,由低扬程泵向高扬程泵供水,以免低扬程泵承受不了过大的水压力。如果是两台同型号泵串联,则后一台泵的水压力将增大一倍,必须对该泵的承压能力进行验算或做加压试验,如强度不够,应采取加固措施,否则不应串联,应修建多级泵站。如系两台井泵串联,则上、下两台井泵的距离应结合具体情况尽可能加大,以免上面一台井泵承受过大的水压力,如果两台串联泵的流量不同,大流量的泵应安装在前面,由它向小流量的泵供水。这样,小流量泵进口压力大,可避免水泵汽蚀。如果将小流量泵放在大泵前,小流量泵的流量较大时,可能出现负扬程,小流量泵出口处压力低,因此在大泵和小泵中都可能出现汽蚀现象,但两台泵的流量相差不宜过大,否则,由于小流量泵过水能力的限制而影响大流量泵过流能力的充分发挥。

总之,串联形式由于两泵首尾相接,相距较近,特别是当水流进入第二台泵时,由于流态不稳,脉动大,水泵经常出现振动、噪声和汽蚀。因此,在一般情况下不宜采用。

2-20 问:离心泵在启动前为什么要充水或抽气? 有哪些简易的抽水方法?

答:离心泵(除自吸泵外)在启动前都要把吸水管和水泵内充满水,否则水泵无法扬水。我们知道,一切物体旋转时所受到的离心力和它的质量一次方、转速的二次方的乘积成正比。例如,在绳的一端拴一块小石子,用手使之旋转,石子形成的离心力把绳子拉得很紧。但要把石子换成同样大小的棉花球,用同样的速度旋转时,绳子是不可能拉直的。这是因为棉花质量轻,所以旋转所产生的离心力也很小。同样道理,水的质量比空气大800 倍左右,如果启动水泵前不灌水,尽管叶轮高速转动,由于空气受到的离心力极小,这个离心力虽然也可以把泵内的空气排出一部分,但泵中空气的压力和外界大气压力仍然相差很小,吸水池中的水在这样小的压差下是无法经吸水管进入水泵中的。因此,离心泵在启动前必须充满水。离心泵启动后不出水,往往是由于泵中空气未被净水充满所致。

对有底阀的小型泵,一般多采用人工灌水法,从泵壳上部专用灌水孔或从出水管口向泵中灌满水。有时也可采用真空箱充水法,如图 3-2-15 所示,启动后水泵 8 从真空箱 5 进水,箱中水面下降形成真空,吸水池 1 中的水在大气压作用下,经吸水管 2 进入箱中,泵即投入正常运行。为保证顺利启动,真空箱的容积至少应为吸水管容积的 3 倍。对不设底阀和逆止阀且管路较短的小型泵,也可采用边启动边从出水管口向泵内灌水,把泵和管中的空气逐渐带出,一般连续灌水数分钟后水泵即可正常抽水。

对大、中型水泵多采用水环式真空泵(即抽气机)或射流泵抽气充水。

用柴油机带动水泵抽水时,可利用柴油排除的废气通入与水泵顶部相通的射流器,抽气充水,如图3-2-16所示。启动时,将和手柄3相连的阀盖2关闭,废气从射流器1喷出,从而通过连管6把泵中的空气吸出。冲水完毕后把阀盖2打开,控制阀5关闭。

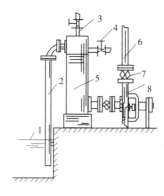

1—吸水池;2—吸水管;3—真空箱注水阀;
4—注水时排水阀;5—真空箱;
6—出水管;7—闸阀;8—水泵
图 3-2-15　真空箱冲水法

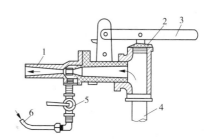

1—射流器;2—阀盖;3—手柄;
4—柴油机排气管;5—控制阀;
6—连管(和泵顶部相连)
图 3-2-16　利用柴油机废气抽水充水

此外,也可采用半淹没式泵房,即吸水管和泵顶的高程均在进水池面以下,这样,水可以自行引入泵中。但这种充水方式没有充分利用泵的吸水能力;同时水泵安装高程降低,不仅增大了基础的开挖量,而且运行管理也较不便,应进行技术经济比较后确定。对多级泵站的一级以后各级泵站,有时为了迅速启动水泵,可以考虑采用这种自行引水方式,以免由于启动困难,导致前级泵站的来水淹没泵房。

2-21 问:离心泵关阀启动,水压会不会把水泵"胀"破?

答:水泵启动时,要把出水管路上的闸阀关闭以减小启动功率。但有人担心,闸阀把水挡住,水流不出去,水会不会把水泵压破。为了说明问题,我们可把水泵关阀运行工况近似地用圆筒中水流的旋转情况来代替,如图3-2-17所示,被搅动而旋转的水,由于距桶中心越远,水所受的离心力也越大,水面上升的高度也越高,所以水面呈抛物面状。

该半径为 r 的桶壁处水面上升高度为 h,则在此 h 水柱作用下,桶壁处断面面积为 A 的水所受的总压力为

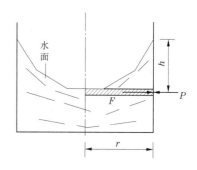

图 3-2-17　盛水圆筒中水流的旋转

$$P = \gamma hA \tag{3-2-43}$$

式中:γ 为水的重度。

另外,断面面积为 A,长为 r 的水体所受的离心力为

$$F = m\omega^2\,\frac{r}{2} = \rho Ar\left(\frac{u}{r}\right)^2\frac{r}{2} = \rho A\,\frac{u^2}{2} \tag{3-2-44}$$

式中:m 为水体的质量,$m = \rho Ar$,ρ 为水的密度;ω 为水的旋转角速度,$\omega = u/r$,u 是半径为 r 处水的圆周速度。

在洞壁处,水柱高 h 所形成的的水压力和水体由于旋转而产生的离心力相互平衡,即 $P = F$,或 $\gamma hA = \rho Au^2/2$,所以最后可得在洞壁 r 处水面上升高为

$$h = \frac{\rho}{2\gamma}u^2 = \frac{u^2}{2g} \tag{3-2-45}$$

式中:g 为重力加速度,$g = 9.81\ \text{m/s}^2$。

如果圆筒的转速为 $n(\text{r/min})$,圆筒直径为 $D(\text{m})$,则式(3-2-45)中的 u 可表示为

$$u = \frac{\pi Dn}{60}\quad(\text{m/s}) \tag{3-2-46}$$

将 u 值代入式(3-2-45)中并整理得

$$h = 0.000\ 139\ 8D^2n^2 \tag{3-2-47}$$

可见,筒壁处水面上升的高度与筒径乘以转速的平方成正比。因为水泵的转速 n 和叶轮直径 D 都是一定的,因此由离心力而产生的压水高度 h 也是一定的。关阀运行的水泵,其扬程一般为其额定扬程的 1.1 ~ 1.4 倍,而水泵的设计强度均大于 1.5 倍的额定压力。所以泵不会被水压坏,但关阀运行时间应尽量缩短。

2-22 问:离心泵在启动和停机时应注意些什么问题?

答:离心泵启动时,出水闸阀应关闭,待机组达额定转速后,再慢慢打开闸阀,水泵即投入正常运转。因关阀启动流量为零时,水泵轴功率最小,一般只有额定功率的 40% ~ 90%。随着阀门的开启,流量增大,轴功率也逐渐升高,当闸阀全开时达最大值。可见开阀启动,机组将承受很大的负载,水力阻力矩剧增,会使启动发生困难,易引起事故。除此,启动时还应注意以下几点:

(1)启动达额定转速后,应立即开启阀门,空转时间不可过长。否则,泵内水温会急剧升高。同时当 $Q = 0$ 时,泵的扬程都比额定扬程 H_0 大,一般为

$$H_{Q=0} = (110\% \sim 140\%)H_0 \tag{3-2-48}$$

水泵如果长时间在此高压下空转,易冲损水泵的密封填料,大量漏水。

(2)如果采用启动补偿降压启动,手柄先推到“启动”位置,当电动机转速和电流值都接近额定值时(一般需 15 ~ 20 s),迅速将手柄搬到“运行”位置。切记,在“启动”位置的时间不能过长,以免电动机发热绕组被烧毁。在电动机冷却状态下,不得连续强行启动三次,两次启动时间要间隔 3 ~ 5 min,防止电动机过热。在电动机接近容许温度的热状态下,不得连续启动,需冷却到常温后,再次启动。当启动力矩过大而无法启动时,可将补偿器的降压标准提高一级(例如将启动电压由 70% 提高到 80%)再启动。

(3)启动泵前须充满水排尽空气,否则启动时由于空气的存在将引起机组强烈振动和发出劈啪响声。对 SH 型泵和两叶轮间具有外部导水管的 DK 型泵,当采用半淹没式泵房向泵中充水排水时,必须在吸水蜗壳和出水蜗壳或导水管顶部单独设置排气管,分别排气,如图 3-2-18 所示,不可将排气管汇集在一起由上部一根管子排气,因为这样做会使位

置较低的吸水蜗壳顶部的空气由于上部排气管中的水压而无法排净。

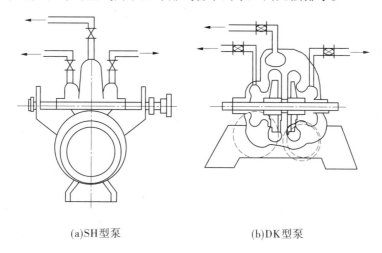

(a)SH型泵　　　　　　　　　　(b)DK型泵

图 3-2-18　充实排气示意图

（4）对某些泵由于关阀启动，泵中水流紊乱，受压较高，机组振动和声响加剧。遇此情况，可在启动前把阀门打开少许再启动，振动声和响声即可消除。但阀门的开度不宜过大，以免引起启动阻力矩增大造成启动困难。试验表明，闸阀开启 4% 时，启动阻力矩和关阀相比，增大 20% 左右，所以其开度一般不要大于 4%。

（5）对高扬程泵关阀启动时，由于高压水给阀门板以作用力，同时阀门板以大小相等、方向相反的反作用力作用于水泵，如果泵座底脚螺栓固接不紧或强度不够，在此反作用力下水泵可能产生位移或剪断底脚螺栓。因此，在启动前应根据阀板受水压的面积和水压强度大小算出此反作用力，有时还应考虑水的径向推力，核验底脚螺栓固紧程度和剪切应力是否满足要求，否则应采取加固措施。

离心泵在停机时应先关闭闸阀再停机，以免引起水锤（有逆止阀时）和水倒流、机组倒转（无逆止阀）。

2-23 问：离心泵启动开阀后不出水是什么原因？在运行中出水突然中断或减小又是什么原因？

答：在正常情况下，泵启动开阀后 1～5 min（视管路长短而定）即可出水，否则应立即停机进行检查，找出原因所在。常见的原因可能有以下几种：

（1）开泵前充水排气不足，泵内没形成足够的真空。对有底阀的小型泵，可能是未灌满水或泵中气未排净，或因底阀锈损漏水，或阀舌被杂物卡住关闭不严，或因吸水管倾斜，底阀也随之倾斜，阀舌未落在阀座上而漏水。对采用真空泵抽气充水的大中型泵，有时因抽气量小，或因管子漏气，闸阀未关严，泵中形成不了必要的真空。另外，真空泵的吸水管不能安装在进水管上，要安装在泵壳最高部位，以免泵壳上部积存的空气无法排除。

（2）吸水管和水泵漏气，破坏了泵进口处的真空。吸水管如为钢管或焊接钢管，可能是有砂眼、裂缝，或焊缝处漏气；有时因法兰盘连接螺丝未上紧或连接处橡胶垫圈贴合不良等。吸水管如系胶管，可能因折裂、擦伤磨损或老化而出现裂纹漏气。判断何处漏气可采用点燃的蜡烛、纸烟或用羽毛、薄纸等物沿线检查，烟、火或测试物被吸入处即为漏气处。出现漏气可采用紧固连接螺丝或临时用湿胶泥、铅油、胶布等,抹贴于漏气部位。对SH型泵,两端填料可能过松而进气,或从两端轴套和泵轴之间的缝隙吸入空气,遇此情况,可在轴套和叶轮之间加橡胶圈。

(3)叶轮打滑,轴转叶轮不转。最常见的是单吸式离心泵叶轮顶端螺帽松脱;平键磨损或未安,这时叶轮形成不了必要的离心力。

(4)过流部分堵塞,流道不通。如叶轮槽道、底阀或管路被杂物堵死,或进水口埋入泥中。

(5)叶轮转向不对。其表现是机组振动,电动机电流和功率增大。这时应停机,将电动机引入导线任意两根换接即可。

(6)水泵吸水高度超过容许值或吸水管淹没深度不足,吸入空气。这时,可抬高吸水池水位或降低水泵安装高程。实际扬程超过水泵额定扬程过多,这往往是水泵选配错误引起的。如认为水泵吸水靠大气压,而水泵扬程是从水泵出口算起的扬水高度,结果引起水泵扬程不够,水扬不上去。解决的办法是:可降低出水池或出水口高度,或更换一个外径较大的叶轮(可另行制造),但叶轮加大量不宜超过10%,否则效率降低较大。也可采用提高水泵转速的方法提高扬程,但这时泵的轴功率也增大(和转速的三次方成正比增加),因此应核验动力机是否会超载。也可更换成高扬程泵或采用两台水泵串联等方式。除此,适当锉大叶轮出口宽度或叶片出口角度,也略能提高水泵扬程。

(7)水泵吸水管安装不良。如吸水管略有突起处,积聚空气,破坏吸水真空。这时应进行改装,把和水泵进口连接的平管段装成微向泵进口方向上斜;水泵进口同心渐缩管应改成上平下斜的偏心渐缩管。

在运行过程中出水突然中断或减小的原因可归纳如下:

(1)水泵进口处有空气逐渐积聚,破坏了该处真空。对SH型泵可能由于两端填料过松或磨损而进气,或由于轴套处轻微进气。对叶轮有平衡孔的B(BA)型泵,如果填料箱中的水封环和水封管不通,就无法形成水封,空气就有可能从填料处经平衡孔进入叶轮进口处。另外,吸水管也可能轻微漏气,或因吸水管水下部分破损,当运行中吸水池水位降低至该破损处时,空气被吸入,出水就会突然中断;有时由于水中含有大量空气,当其随着水流至闸阀、泵和管路的凸起部位时,就会逐渐集聚,导致出水中断或减小。

(2)口环和叶轮间的径向间隙过大,产生回流。由于汽蚀或泥沙,口环磨损严重时会形成大量的回流,降低了出水量,甚至使出水中断。对SH型泵,有时因上下泵盖间的平面加工不平整或纸垫厚薄不匀,或因连接螺丝未上紧,可能引起高压区的水串流至低压区,如图3-2-19所示,这时可平整纸垫或将结合面上的四个减重孔用水泥堵塞抹平,增大上下盖的接触面积。

(3)过流部分局部被杂物堵塞。这时水泵出口处的压力表读数和电流表读数逐渐下降。有时因出水管闸阀阀舌钢丝断裂,阀舌掉到阀体中,阻止水流畅通。

(4)水泵转速不足。可能由于电压过低;如为皮带传动,可能是皮带尺寸配合比不当或皮带打滑等。

(5)水中含沙量过大,一般规定水中含沙量达10%左右时应停止运行。试验显示,当含沙量为10%时,流量将减小16%左右。

（6）运行中,进水池水面下降或出水池水位升高使实际扬水高度过大,导致出水量减小或供水中断。

2-24 问:离心泵在运行过程中为什么发生振动和噪声?怎样预防?

答:水泵振动往往是事故的先兆。正常运行的机组平稳,响声很小,用手触及机壳应无振动感。如果机组振动较大,伴有杂音,应立即停止,消除隐患。

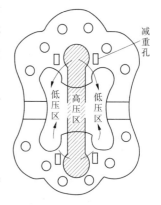

图 3-2-19　SH 型水泵上下泵壳间的平面示意图

形成振动的原因可能有以下几点:

（1）机组安装质量不良。如水泵和电动机轴的同心度不合要求。一般卧式离心泵,机泵轴心线径向偏差不得大于 0.03 ~ 0.08 mm,轴向间隙应小于 0.1 ~ 0.4 mm;对大中型立式泵机组,要求同心度 $e \leqslant 0.08$ mm,对小型机组,以 e 不超过 0.1 mm 为宜。又如泵轴弯曲未经校直,运行时产生附加的离心力引起振动;用皮带传动时,传动带过松或接头搭接不良也会引起振动。

（2）水泵叶轮受力不平衡。运行中由于叶轮局部磨损,个别叶道堵塞或叶轮本身制造不良,各径向断面质量不等,运行时产生不平衡力,引起振动。

（3）叶轮口环间隙过小或不匀,和泵壳产生机械摩擦。这时除功率增大外还伴随有机械摩擦声和振动。

（4）机组滚动轴承的滚珠破碎,或滑动轴承的轴瓦间隙过大,易造成泵轴的震动,从而引起水泵振动。如果泵轴振动和叶轮自振频率相同,将形成共振,为避免这类事故发生,应注意对轴承的维修,并定期加注,更换润滑油脂。

（5）机组地脚螺栓未固紧或松动,常引起水泵振动。

（6）叶轮转向不对,因而泵中水流紊乱、脉动而引起振动。

（7）水泵发生汽蚀。气泡在泵中破裂冲击叶片引起叶轮振动和水流脉动,是导致水泵振动和噪声的主要原因。

（8）由于水泵吸程过大,吸水管淹没深度不足或吸水池形成漩涡而吸入空气,特别是当出现池底漩涡时,将引起水泵产生较严重的振动和噪声,这时应增大淹没深度或采取消除漩涡的措施。

综上所述,水泵的振动和噪声的成因可归纳为机械和水力两大类。由水力产生的振动和噪声往往比机械因素严重,形成噪声的水力因素除上述汽蚀和漩涡外,还有以下几个方面:

（1）叶轮转动产生的噪声。每当叶轮叶片经过泵壳隔舌时,叶轮出流对隔舌产生一脉动冲击,此冲击通过隔舌传到泵壳上并发出噪声,其基本频率为

$$f = Zn \quad （次/s） \tag{3-2-49}$$

式中:Z 为叶轮叶片数;n 为水泵转速,r/s。

实践表明,适当加大叶轮外缘和隔舌之间的间隙,噪声可明显减小。

（2）叶轮进口流速分布不均产生的噪声。由于大多数叶轮叶片入口处圆周速度不等,因而在该处形成水压脉动,产生噪声,特别是当叶轮前装有弯管时,由于进水的偏流,

加剧了入口处的流速分布不均,应力求避免这种安装方式。

(3)脉动噪声。当水泵扬程特性曲线具有驼峰形式(即水泵扬程起初随流量的增加而增加,达最大值后又逐渐下降)时或管线上装有空气室,或用闸阀调节流量时,都会形成水流的脉动现象,从而产生噪声。为消除这种噪声,应避免采用上述泵型和措施。

噪声的防止和减弱除上述措施外,还可采用隔音罩将机组罩住或采用隔音墙和防振设备等。

为防止噪声对运行人员的危害,根据有关规定,距泵 1 m 处的噪声级应小于 65 dB;泵站周围,噪声级应限制在 40~45 dB。

2-25 问:水泵填料漏水过多、磨损快,轴承磨损和温升过高是什么原因?

答:水泵填料漏水过多、磨损快可能是填料变质失去弹性或填料质量不好造成的。目前广泛使用的浸油石绵填料干枯硬化后,结成硬块,大大减小了填料和轴的接触面积,填料磨损后远离泵轴,成为漏水或进气的主要原因。造成填料变质失效的原因还有:

(1)填料更换周期过长。

(2)运行时填料压盖过紧,填料受压包紧泵轴,同时使水封环的轴封水不能顺利通过,填料得不到足够的冷却和润滑,很快发热硬化而失效;或因水封环的内环过小,环上小孔数量不足或堵塞,以及水封环安装位置不正等使轴封水不能畅通而导致磨损。

(3)压盖和泵轴配合公差过小,造成摩擦,堵塞了轴封水的渗出。

(4)轴封水中含沙量大,使填料短期内磨损,这时应改换清水进行水封。

总之,在水泵运行中使填料箱的漏水量稍大些,对填料的润滑、冷却和防止进气是有利的。

轴承磨损和温升过高大多由于维护、检修不良,特别是轴承润滑失效所致。在水泵运行中,如果室温为 35 ℃左右,温升超过 45 ℃(滑动轴承),或用手背摸试感到烫手时,则表明温升已不正常。轴承磨损和过热的原因可归纳如下:

(1)滚珠轴承和滑动轴承油量不足或过多,油质不良,有泥沙、铁屑等引起轴承发热和磨损。一般要求水泵的滚珠轴承中应加钙基黄油,因它不溶解于水;电动机轴承应加钠基黄油,它能耐高温(可达 125 ℃)。轴承中黄油量太多,因散热不良而发热,一般加至轴承箱的 2/3 为宜。有时因滑动轴承的甩油环损坏或安放位置不正而引起过热。

(2)用皮带传动时,由于皮带拉得过紧,或把用联轴器直联的水泵(如 SH 型泵)改为皮带传动,导致轴承受力增大而发热。这时,可调整皮带松紧程度或另设皮带轮支架。

(3)轴承内圈和泵轴配合太松或太紧,都会引起轴承发热,因为配合太松时,泵轴将在轴承内圈里转动,或在整个轴承孔内转动;配合太紧时,将使轴承内圈与外圈之间的间隙减小,造成轴承转动不够灵活。

(4)由于泵轴弯曲或不同心引起机组振动,从而导致轴承的磨损和过热。

(5)由于叶轮平衡孔被堵塞不通(如 B 型泵),使轴向推力增大,结果使轴承受力增大,引起发热和磨损。

(6)对大、中型泵,当采用滑动轴承承受机组转动部分的径向力而由滚珠轴承承受轴向推力时,如果后者在轴承座中配合过紧,运行时转动部分的振动力就可能作用在滚珠上而被压碎或烧毁。

2-26 问:对没有铭牌的离心泵怎样确定其流量、扬程和转速?

答:对无铭牌的离心泵流量的确定,只要量出水泵进水口直径 d,即可根据式(3-2-14)~式(3-2-16)求出。

对离心泵的额定扬程可写出如下表达式:

$$H = KD_2^2n^2$$

式中:K 为与泵结构有关的常数;D_2 为泵叶轮出口直径,m;n 为泵的额定转速,r/min。

根据统计资料:

对单级离心泵,$K \approx 0.000\ 12$,所以其扬程为

$$H = 0.000\ 12D_2^2n^2 \quad (\text{m}) \tag{3-2-50}$$

对多级离心泵单级叶轮扬程,$K \approx 0.000\ 14$,所以可得

$$H = 0.000\ 14D_2^2n^2 \quad (\text{m}) \tag{3-2-51}$$

离心泵额定转速的确定:对单级离心泵,转速随水泵进口直径的增大而减小,如表 3-2-4 所示。

表 3-2-4　离心泵进口直径和转速关系

水泵型式	单级		单级双吸				
进口直径(mm)	100 以下	150~200	200 以下	250~300	500~600	800	900 以上
转速(r/min)	2 900	1 450	2 900	1 450	970	730(或 585)	485(或 300)

综上所述,对无铭牌的离心泵,只要量出泵进口直径和叶轮外径,即可从相应公式和表 3-2-4 分别求出其额定流量、扬程和转速,方法十分简单。

2-27 问:水泵的"轴向推力"是怎样产生的? 如何计算? 怎样减小和消除它的影响?

答:在泵运行中,有时会发生泵轴沿轴向的窜动现象,引起叶轮和泵壳的相磨、打坏轴承等事故,这是为什么呢? 原来有一种沿泵轴方向的力作用在叶轮上,它的大小及组成和泵型有关,这种作用叫"轴向推力"。现以卧式离心泵为例,对轴向推力的构成,计算方法和防止措施说明如下:

对闭式叶轮,作用在其上的轴向力有轴向水压力和轴向水冲力。

(1)轴向水压力:是由作用在叶轮前后轮盘上的水压力差而引起的,如图 3-2-20 所示。因为在轮盘和泵壳间的空间和叶轮出口处的水相通,所以作用在轮盘外部的水压力应该和叶轮出口处的水压力相等。但实际上,该空间的水受叶轮轮盘旋转的影响,大致以叶轮转速之半的速度旋转,因此沿轮盘半径方向的水压分布为一曲线,在后轮盘上的水压分布线为 ABCDEFA,方向指向叶轮进口。图 3-2-20 左侧为前轮盘的水压分布线,它的方向由轮前指向轮后。因此,在 D_2 和 D_1 之间,作用在前后轮盘上的水压力相互抵消,但在 D_1 和 D_3 之间进水口部分,后轮盘后面的水压大于前面的,两者之差形成一个指向水泵进口方向的轴向水压力,如图 3-2-20 右侧所示。其大小可用下列近似公式计算:

$$T_{压} = K\gamma H \frac{\pi}{4}(D_1^2 - D_3^2) \tag{3-2-52}$$

式中:$T_压$ 为轴向水压力,kg;K 为试验系数,一般 $K = 0.6 \sim 0.8$;γ 为水的重度,$\gamma = 1\ 000$ kg/m³;H 为水泵扬程,m;D_1、D_3 分别为叶轮进口直径和泵轴直径,m。

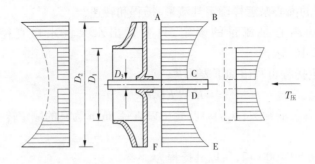

图 3-2-20　叶轮轴向水压力示意图

由上式可见,扬程 H 越高,轴向水压力越大。

(2)轴向水冲力。由于水流以轴向进入叶轮时,冲击到叶轮上后,变为径向流出。这样,叶轮就给水一个反作用力,迫使水流改变方向。这一冲击力在轴向的分力可根据物理学中的动量定律求出。它的方向和轴向水压力方向相反,由轮前进口指向轮后。其大小可根据下式确定:

$$T_{冲} = \frac{\gamma Q}{g} v_1 = \frac{\gamma Q^2}{g A_0} \quad (\text{kg}) \tag{3-2-53}$$

式中:Q 为通过叶轮的流量,kg/m^3;v_1 为叶轮进口的水流速度,m/s;A_0 为叶轮进口断面面积,m^3;γ 为水的重度,可采用 $\gamma = 1\,000\ \text{kg/m}^3$;$g$ 为重力加速度,$g = 9.81\ \text{m/s}^2$。

由上式可见,水冲力和流量的平方成比例,当过泵流量改变时,$T_{冲}$ 值也发生变化。

水泵叶轮所受到的总的轴向力 T 是上述两种作用力之差,即

$$T = T_{压} - T_{冲} \tag{3-2-54}$$

对高扬程小流量泵,轴向水压力 $T_{压}$ 远大于水冲力 $T_{冲}$,所以 $T_{冲}$ 可以忽略不计,轴向推力主要由 $T_{压}$ 形成,方向指向泵进口;但对低扬程大流量泵,$T_{冲}$ 值相对较大,这时,特别是在水泵启动过程中,由于扬程尚未形成,会出现 $T_{冲} > T_{压}$ 的情况,轴向推力方向指向叶轮后侧,对立式泵,就形成所谓"上窜力"。

减少和消除轴向推力影响的措施常采用的有:

(1)开平衡孔。在叶轮后轮盘开几个小孔,如图 3-2-21 所示,使轮后的高压水经过这些小孔流向进水侧,以降低轴向水压力。这种减压措施简单易行,在单吸式离心泵中广泛采用,但开孔后,由于进水侧水流较紊乱,水泵效率将降低 2% ~5%。

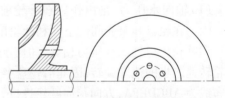

图 3-2-21　平衡孔示意图

(2)装设平衡盘。对多级离心泵,轴向水压力很大,所以在末级叶轮后面设有专用的机械平衡水压装置,即平衡盘。如图 3-2-22 平衡盘 1 固定在末级叶轮后面水泵轴上,压力水经缝隙 3 进入空室 4 后,再经平衡盘和防磨环 6 之间的间隙 5 进入减压空室 7,最后经管子 9 流回第一级叶轮的进水侧。由于平衡盘的后面管子 9 和水泵第一级叶轮进水侧相通,平衡盘后面的压力等于水泵进口的压力。所以,当平衡盘左面受轴向推力时,平衡盘自行向右移动,间隙 5 增大并排出高压水,使轴向推力自动得到平衡,防止叶轮向左

移动,以保持叶轮的正常位置。

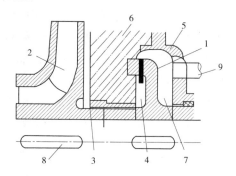

1—平衡盘;2—最后一级叶轮;3—缝隙;4—空室;
5—间隙;6—防磨环;7—减压空室;8—键;9—连接进水侧的管子

图 3-2-22 DA 型离心泵轴相推力平衡装置

(3)叶轮后轮盘加设肋板。如图 3-2-23 所示,沿后轮盘半径方向均匀布置几片肋板,当叶轮旋转时,后轮盘和泵壳间的水被肋板带动一起旋转把水向外甩,从而减少了后轮盘上的水压力。

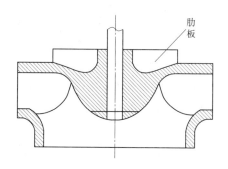

肋板

图 3-2-23   后轮盘加设助板

(4)采用不同的叶轮布置方案。如采用双吸式叶轮(SH 型泵)。对多级泵叶轮采用对称布置,如图 3-2-24 所示,理论上可完全消除轴向推力。

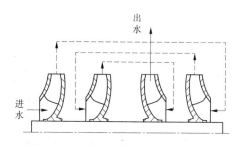

出水

进水

图 3-2-24   DA 型离心泵叶轮对称排列

2-28 问:什么叫水泵的"径向推力"?它有什么危害?怎样消除?

答:离心泵蜗壳过流断面形状,一般是根据断面平均流速相等的原则确定的,而从蜗壳的隔舌到出口,断面面积是逐渐增大的。当额定流量为 $Q_额$ 时,泵壳中各断面的平均流速相等,因而作用于叶轮外圆周面积上各点的水压力也相等,其方向是沿半径方向。相对叶轮来说此项水压力相互抵消,对泵轴不会形成不平衡作用力,如图 3-2-25(a)所示。但当水泵不在 $Q_{额}$ 时工作,例如 $Q < Q_{额}$ 或蜗壳尺寸是按 $v_u r =$ 常数原则设计时(其中 v_u 是蜗壳过水断面上任意点水流速度在圆周方向上的分速,r 是该点距泵轴心的距离),由于沿蜗壳从隔舌到出口的流速逐渐减少,所以作用在叶轮外周边的径向水压力也逐渐加大,此径向的合力作用于泵轴上,方向由蜗壳断面大端指向小端,这种径向不平衡的水压力叫作径向推力,如图 3-2-25(b)所示。当 $Q = 0$,即泵出水管上的阀门关闭时,蜗壳出口端的水压力比起端更大,因此其径向推力也最大。

(a)额定流量时　　　(b)$Q < Q_{额}$ 时　　　(c)双蜗壳时

图 3-2-25　水泵径向推力示意图

当 $Q > Q_{额}$ 时,水沿蜗壳的流速逐渐加大,因而蜗壳出水端的水压力小于起端,径向推力则由起端指向出口端。可见径向推力大小和方向是随泵壳中流量大小而变的。径向推力可根据下式计算:

$$T_{径} = K p D_2 b_2 \quad (\text{kg}) \tag{3-2-55}$$

式中:K 为试验系数,一般 $K = 0.36[1 - (Q/Q_{额})^2]$;$p$ 为泵壳中水压,kg/cm^2,p 值可用水泵扬程 H 求出,即 $p = 0.1H(H$ 的单位是米水柱高);D_2、b_2 分别为叶轮外径和包括轮盘厚度在内的叶轮出口宽度,cm。

可以看出,当 $Q = Q_{额}$ 时,$K = 0$,所以 $T_{径} = 0$;当 $Q = 0$ 时,$K = 0.36$,$T_{径}$ 值最大。K 值的大小还和泵型有关。

泵轴转速越高,径向推力作用在轴上的频率也越高,这样不仅引起口环、轴套等部件快速磨损,而且会导致泵轴的损坏,特别是对轴承跨度较大的 SH 型泵,径向推力是造成断轴事故的主要原因之一。

径向推力的消除措施,从运行角度看,水泵应尽量在额定工况及其附近工作,启动次数和时间要短,绝不能在 $Q = 0$ 时长期空转。除此外,从结构上,泵轴应采用疲劳极限高的金属材料车制,泵壳可采用双蜗壳(见图 3-2-25(c)),但由于其形状较复杂,同时内外蜗壳的形状也不完全相同,所以还不能消除全部径向推力,多用于大、中型泵中。对多级离心泵,亦可采用把蜗壳相错 180°的布置方式,消除径向推力。

2-29 问:水中含沙量大小怎样表示? 含沙量对水泵工作参数有什么影响?

答:含沙量是指每立方米体积浑水中所含泥沙的质量,单位是 kg/m^3。另外,含沙量的大小也可用含沙率 ρ 表示,即在 1 m^3 体积浑水中,泥沙质量占浑水总质量的百分比。计算公式为

$$\rho = \frac{W_{沙}}{\gamma_{浑}} \times 100\% \tag{3-2-56}$$

式中:$W_沙$为 1 m^3 浑水中泥沙的质量,kg/m^3;$\gamma_浑$为浑水重度,即每立方米浑水的质量,kg/m^3。

浑水重度 $\gamma_浑$ 可根据含沙量 $W_沙$ 求出,如图 3-2-26 所示。

$$\gamma_浑 = W_沙 + W_水 = W_沙 + \left(\gamma_水 - \frac{W_沙}{\gamma_沙}\gamma_水\right) = W_沙 \times \left(1 - \frac{\gamma_水}{\gamma_沙}\right) + \gamma_水 \quad (3\text{-}2\text{-}57)$$

式中:$W_水$为 1 m^3 体积浑水中清水所占质量,kg;$\gamma_水$为清水重度,一般 $\gamma_水 = 1\ 000$ kg/m^3;$\gamma_沙$为泥沙重度,一般 $\gamma_沙 = 2\ 650 \sim 2\ 700$ kg/m^3。

如果将 $\gamma_水 = 1\ 000$ kg/m^3,$\gamma_沙 = 2\ 700$ kg/m^3 代入式(3-2-57)得

$$\gamma_浑 = 1\ 000 + 0.63 W_沙$$

将其代入式(3-2-56)中,得

$$\rho = \frac{W_沙}{1\ 000 + 0.63 W_沙} \times 100\% \quad (3\text{-}2\text{-}58)$$

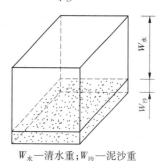

$W_水$—清水重;$W_沙$—泥沙重

图 3-2-26 1 m^3 浑水质量分解示意图

根据式(3-2-58)即可从含沙量 $W_沙$ 求出以百分比表示的含沙率 ρ,反之,可由 ρ 求出 $W_沙$。

含沙量对水泵工作参数有显著影响,随着过泵水中含沙量的增大,水泵流量减小,功率增大和效率下降。根据室内试验和现场观测,水中含沙量 ρ 和水泵流量 Q、扬程 H、轴功率 N 和效率 η 有下列关系:

$$Q_\rho = (1 - 0.018\rho)Q_0 \quad (3\text{-}2\text{-}59)$$

$$H_\rho = (1 - 0.002\ 5\rho)H_0 \quad (3\text{-}2\text{-}60)$$

$$\left.\begin{array}{l} N_\rho = (1 + 0.003\rho)N_0 \quad (\rho < 7\%) \\ N_\rho = (0.85 + 0.022\rho)N_0 \quad (8\% < \rho < 15\%) \end{array}\right\} \quad (3\text{-}2\text{-}61)$$

$$\left.\begin{array}{l} \eta_\rho = (1 - 0.014\ 3\rho)\eta_0 \quad (\rho \leq 5\%) \\ \eta_\rho = (1.12 - 0.032\rho)\eta_0 \quad (\rho > 5\%) \end{array}\right\} \quad (3\text{-}2\text{-}62)$$

式中:Q_0、H_0、N_0 和 η_0 分别是 $\rho = 0$(清水)时水泵效率最高点对应的流量、扬程、功率和效率值;Q_ρ、H_ρ、N_ρ 和 η_ρ 是含沙率为 ρ(以百分数表示)时,效率最高点所对应的流量、扬程、功率和效率。

例如当 $\rho = 10\%$ 时,可分别求出:$Q_{\rho=10\%} = 0.82Q_0$,即流量减小 18%;$N_{\rho=10\%} = 1.07N_0$,即功率增大 7%;$\eta_{\rho=10\%} = 0.8\eta_0$,即效率降低 20%。

综上所述,当 $\rho < 5\%$ 时,它对水泵各工作参数的影响很小,但当 $\rho = 10\%$ 时,效率低达 20%,所以从运行经济考虑,控制含沙率最好不超过 5% ~ 7%,最大不要超过 10%(这时含沙量约为 106.6 kg/m^3,浑水密度 1 067 kg/m^3)。

2-30 问:怎样区分水泵的腐蚀、汽蚀和磨蚀?泥沙磨蚀的原因和防治措施如何?

答:水泵过流部分表面损坏,可分为腐蚀、汽蚀和磨蚀(磨损)三种。部件的腐蚀是由于水中含有某些矿物成分,如石膏或水质污染含有酸、碱等,锈蚀也属于此类,其破坏主要是由于化学作用。汽蚀是由于水流在水泵的低压区发生汽化后产生气泡,当气泡流至高压区凝聚成水时,突然破裂冲击壁面而形成的破坏作用,一般认为它是机械作用和化学作用的综合结果。磨蚀是由于水中含有较硬的颗粒和过流部件表面摩擦冲撞而形成的,主

要是机械破坏。腐蚀的特征是,凡和水接触的所有部分都会产生,破坏程度相同,一般呈棕褐色的片状剥落。汽蚀主要发生在水泵叶轮进口附近叶片的背水面,有时也波及出口附近叶片的迎水面和泵壳高压区,呈条状鱼鳞坑形,条痕和水流方向一致。汽蚀和磨蚀往往同时存在,相互促进,加速部件的损坏。

关于泥沙对水泵部件磨损的成因及其磨损规律是一个比较复杂的问题,有待进一步研究和探讨。一般认为,泥沙磨损的原因如下:

(1)当含有一定粒径、浓度和硬度的泥沙随水以高速通过水泵时,泥沙和金属壁面间产生高速相磨,有如固体和固体之间的摩擦,形成很大的冲磨力,将金属表面微细颗粒层层磨削掉而引起表面破坏。例如 14SH－6 型泵,叶轮出口处的相对速度达 75 m/s,据试验,磨损程度和流速的 2.7~3 次方成比例。高速是引起泥沙磨损的主要原因,流速高的部位,磨损都比较严重。

(2)高速含沙水流在金属凸凹不平的表面形成漩涡和折曲,沙粒对金属表面形成反复冲击使壁面破坏,如图 3-2-27 所示。由于泥沙棱角的冲击,单位面积上所受压力很大,会使金属表面产生塑性变形,超过金属极限强度而损坏。

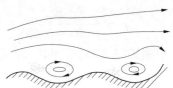

图 3-2-27　由于漩涡而引起的金属表面破坏示意图

由于以上两种原因,前者磨损形成条痕,后者形成坑洼,两者共同作用的结果形成鱼鳞状沟槽,为了减小磨损,过流表面应尽量光滑。

据调查,从黄河取水的山西夹马口泵站,在汛期,运行 600 h 左右就得更换叶轮(水泵为 24SA－10 型双吸离心泵,$Q = 0.95$ kg/m³,$H = 71$ m,$n = 960$ r/min)。黄河下游某轴流泵站,在年平均含沙量为 37 kg/m³ 时,由于磨损,叶轮只能运行 1 000 h 左右。同样的水泵在清水条件下运行,可使用 10 年以上,可见泥沙磨损大大缩短了机器的使用寿命。同时泥沙使泵的出水量减小,功率增高,效率降低。此外,还将导致进、出水池和渠道的淤积。因此,在泵站中要采取措施防止或减小泥沙对水泵的磨损,现简述如下。

据认为,在下列情况下将不会形成部件的磨损或磨损极小:

(1)泥沙含量 $\rho < 4\%$ 时;泥沙最大粒径 $d < 0.03~0.04$ mm 时。

(2)泥沙硬度小于材料硬度时。为此应选用高强度的材质,如铸钢、耐磨损的铸铁等,研制抗磨塑料,铸石材料以及叶轮表面搪瓷等。

(3)当 $Hn/1\ 000 \leqslant 45$(式中 H 和 n 分别为水泵的扬程(m)和转速(r/min))时。所以,应尽量选用低扬程、低转速的泵。

此外,目前广泛采用的对已磨损的叶轮、口环、泵壳等部件进行非金属材料的喷镀,涂敷修补工艺,对抗磨也起到良好的效果。非金属涂料主要有三类:一类是以环氧树脂为基础,加入各种固体填料和抗磨损涂料对部件进行涂敷;第二类是以尼龙粉等为基础的热塑性涂料,将部件加热,把粉剂用压缩空气喷枪喷镀;第三类以橡胶、聚醚型聚氨酯等为基础的柔性涂料。

2-31 问:怎样选用离心泵轴承的润滑油脂?

答:离心泵的轴承多用膏状黄油油脂润滑,但由于其牌号较多,如选用不当,不仅起不到对轴承的润滑减磨作用,增大功率损耗,而且会使轴承提前损坏,造成事故。

常用的润滑黄油有两种,一种是钙基黄油,牌号是 ZG,它不溶解于水,因此适合于在水泵轴承中使用;但它的耐热性较差,当油温超过 70 ℃时,其中皂质和油质便有分离的危险,因此在使用时要注意气温升值。另一种是钠基黄油,由于它能溶解于水,所以不适合水泵轴承采用,但它能耐高温(可达 125 ℃),适用于农用电动机的轴承中。

怎样鉴别是钙基黄油还是钠基黄油呢? 最简单的方法就是,把少许黄油放入水中,用手指搓捏,如不起泡沫又不乳化,黏结成粒不溶于水就是钙基黄油。另外在采购时,一定要问清楚黄油的牌号,买好后应按上述手搓法进行检查。使用钙基黄油应注意:

(1)油脂必须纯净,呈软膏状,盛装油脂的容器应清洁,并妥为保管。

(2)钙基黄油溶化后即失去润滑作用,所以不能把溶油再倒回轴承箱中。

(3)当检修轴承时,要用干净的板片等刮去轴承上的旧油,再用纯净的汽油或柴油洗净;在装配时,所用工具要清洁,严防砂粒、铁屑等杂物掉入。

(4)在未洗去油中的硬质杂质前,不要转动轴承,以免杂物擦伤滚珠、滚道。

(5)滚珠轴承中,黄油不宜加得过多,以免散热不良,轴承发生故障。一般应加至轴承箱的 2/3 为好。

2-32 问:什么叫"自吸泵"? 自吸泵为什么能自吸?

答:在离心泵中,有一种只要向泵中灌少量的水,启动后就能自行上水的泵,叫作自吸式离心泵,简称自吸泵。它启动容易,移动方便,因此在某些场合应用较广。

自吸泵为什么能自吸呢? 这时由于它的泵体部分结构和一般离心泵不同。主要表现在:①泵的进水口高于泵轴;②在泵的出水口设有较大气水分离室;③一般都具有双层泵壳,如图 3-2-28 所示。这样,在启动前泵中始终储存一部分水。但叶轮 1 转动时,储存的水在离心力的作用下,被甩到叶轮外缘,叶轮入口处形成真空,进水管中的空气被吸入叶轮,在叶轮外缘形成气水混合体,沿内蜗壳流道 2 上升,当流至气水分离室 3 时,由于面积增大,气水混合体流速减

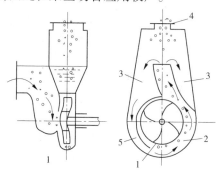

1—叶轮;2—内蜗壳流道;3—气水分离室;
4—分离室出口;5—外蜗壳流道

图 3-2-28 自吸泵自吸原理示意图

小,空气由分离室出口 4 溢出,水由于自重经外蜗壳流道 5 下部流回,并基本上沿叶轮外缘切线方向进入内泵壳流道和泵内空气进行再次混合。这样反复多次,吸水管中空气逐渐被排出从而达到自吸的目的。

2-33 问:自吸式离心泵有哪些类型? 在使用性能上有些什么特点?

答:自吸泵根据气水混合的部位不同,可分为外混式和内混式两大类。图 3-2-28 是外混式的一种,即已脱气的水在叶轮的外缘附近和泵中空气再混合。又由于回流方向相对叶轮轴来说是径向的,所以又叫径向外混式自吸泵。除此还有所谓轴向外混式自吸泵,回流方向是沿和叶轮轴平行的方向进入叶轮外缘的,如图 3-2-29 所示。在气水分离室 3 底部和蜗壳 12 下部有回流孔 9 连通,在气水分离室内,脱气后的水经过此孔沿轴向向蜗

壳中回流,于叶轮外缘和泵内空气混合。所谓内混式自吸泵,即脱气的水在叶轮内部和空气相混合,再甩至叶轮外缘,然后进入气水分离室,如图 3-2-30 所示,其结构特点主要采用了正对水泵叶轮进口的回流孔 1,返回的水由此孔射向叶轮进口,为提高其效率,回流孔配有回流阀 2,当完成自吸过程后关闭。

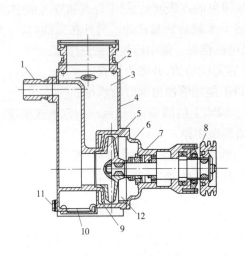

1—进水接头;2—出水接头;3—气水分离室;4—泵体;
5—叶轮;6—轴承体;7—机械密封件;8—皮带轮;
9—回流孔;10—清污孔;11—放水螺塞;12—蜗壳

图 3-2-29 自吸泵结构图(外混式)

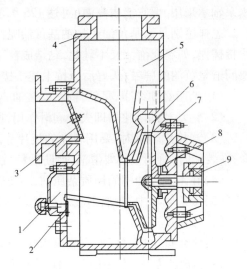

1—回流孔;2—回流阀;3—吸入阀;
4—泵体;5—气水分离室;6—蜗壳室;
7—叶轮;8—机械密封件;9—轴承

图 3-2-30 内缘回流型自吸泵结构

内混式和外混式相比,前者由于有回流孔的喷射作用,能把泵进口处的空气迅速带走,自吸时间较短,便于启动。但其结构较复杂,效率较低。在各类自吸泵中,综合考虑体积、质量、结构、效率、自吸性能、使用等因素,轴向外混式自吸泵是较好的一种,因此我国喷灌自吸泵多采用此类型。

总之,自吸泵由于泵体过流部分形状比较复杂,水力阻力大,其效率比一般离心泵低 5% ~ 7%,但由于省去阻力较大的底阀,所以其装置效率和一般小型离心泵相差不多。自吸泵的性能除和气水混合部位有关外,还和自吸泵内储水量有关,一般储水位应在叶轮轴以上;气水分离室的容积应为水泵额定流量的 1/3 ~ 1/2。水泵转速对自吸泵的影响很大,转速越高性能越好,所以对农用自吸泵最好配带柴油机或汽油机以便调速。对内混式自吸泵,回流孔大些,水循环快,自吸时间短,但这需要加大储水量和分离室的尺寸,使泵的体积增大,因此应综合考虑。

自吸泵在启动前应检查泵体内是否有足够的存水,否则不仅影响自吸性能,而且易烧坏轴封部件。水泵启动后,在正常转速下,3 ~ 5 min 即应出水,否则应停机检查。

2-34 问:什么叫经济管径? 怎样确定水泵管路直径?

答:管路直径的确定是一个经济问题。当管路通过一定的流量时,如果选用的直径较大,则管中流速小,运行时管路水头损失也较小,但管路造价高,其维修管理费也高。如管径选的小些,管中流速增大,这时虽然增大了管路水头损失,相应地提高了能源的耗损,但降低了管路的工程投资和管路费用,因此可选出几种不同的管径,分别求出其随管径大小而改变的管路年管理费 E_1(E_1 随管径的增大而增大)和耗电费 E_2(E_2 随管径增大而减小),选出其中年总费用(即 E_1+E_2)最小的那一种直径,这一管径就叫作经济管径。这种确定经济管径的方法,不仅计算烦琐,而且也不够精确。所以,目前多根据经济流速确定管径。多年实践表明,出水管中流速控制在 2~3 m/s,进水管控制在 1.5~2 m/s 是比较合宜的,因为据此确定的管径和用"年总费用最小"原则求出的相差不多,这就是经济流速的由来。那么怎样利用它来求经济管径呢?因为管中流量 Q 可用下式求出:

$$Q = Av = \frac{\pi}{4}D^2 v$$

式中:A、D 和 v 分别为管子的过流面积、直径和流速。如果把上述经济流速值代入上式并整理之,就可分别求出进、出的经济管径为

$$D_{\text{进}} = (0.8 \sim 0.92)\sqrt{Q} \quad (\text{m}) \tag{3-2-63}$$

$$D_{\text{出}} = (0.65 \sim 0.8)\sqrt{Q} \quad (\text{m}) \tag{3-2-64}$$

式中:Q 为管中流量,m^3/s。

可见,只要代入管中流量,就可求出经济管径,方法十分简便。对固定永久性泵站和选用水泥管时可采用较大的系数值。用上式求出管径 D 后,再从有关规格表中查出相近的标准直径。

2-35 问:什么是管路水头损失?怎样计算?

答:压力管路中当管径不变时,沿管路各断面流量和流速也是不变的。但各断面的压力却沿管路水流方向逐渐减小。例如,在管路某断面处用测压管测得压力为 1.5 m 水柱高,在距离该断面 100 m 远的断面处测得压力为 1 m 水柱高,两断面间的压力差为 0.5 m 水柱高。这 0.5 m 水柱高哪里去了呢?因为水在流动过程中,水和管壁、水分子和水分子间都会产生相互摩擦并变为热能散失于流程中。例如,上述的 0.5 m 水柱高实质上就是因这种摩擦而损失的压能,这种沿管路长度而损失的压能,水力学中把它叫作管路的沿程损失水头(严格地说它是单位液重所损失的压能)。如果用米水柱高表示,则管路两断面间的压力差和这两断面间的损失水头在数值上是相等的。

怎样计算沿程损失水头呢?因为管中某处的流速大小并不取决于该点的实际压力大小,例如在闸阀关闭着的管路中,压力可能很高,但水并不流动,流速的大小仅取决于管路两点间的压力差,压差越大,管中流速也越大,因而管路沿程损失水头也越大。另外,管路越长,沿程损失也越大。管径越大,壁面磨损相对较小,损失水头也越小。除此,水头损失还和管壁的粗糙程度、水流紊乱情况等有关。综上所述。管路沿程损失水头可用下式表示:

$$h_{\text{沿损}} = f\frac{L}{D}\frac{v^2}{2g} \tag{3-2-65}$$

式中:L、D、v 分别为管长(m)、管径(m)和管中断面平均流速(m/s);g 为重力加速度,$g = 9.81$ m/s^2;f 为摩擦阻力系数,它主要和管材、管壁粗糙程度以及管径等有关,一般用试验方法求得。

对混凝土管： $$f = 0.015\ 6 + \frac{1}{D^{0.25}} \qquad (3\text{-}2\text{-}66)$$

对钢管和铸铁管： $$f = 0.015\ 6 + \frac{0.000\ 5}{D} \qquad (3\text{-}2\text{-}67)$$

根据公式计算管路沿程损失水头比较麻烦，在实际中，多用图标查出。图 3-2-31 ～ 图 3-2-34 给出了各种材质的每 100 m 管长的沿程损失水头值。知道了流量 Q 和管径 D 即可查出 100 m 管长的损失水头值，将该值除以 100，再乘以管路实际长度(m)就得到所求的 $h_{沿损}$ 值。

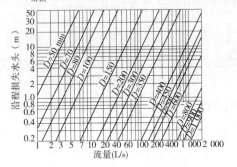

图 3-2-31　钢管沿程损失水头(每 100 m 管长)　　图 3-2-32　铸铁管沿程损失水头(每 100 m 管长)

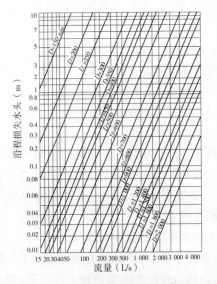
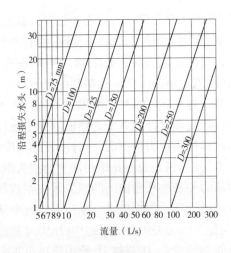

图 3-2-33　混凝土管沿程损失水头(每 100 m 管长)　图 3-2-34　橡胶管沿程损失水头(每 100 m 管长)

2-36 问：什么叫管路损失的"当量长度"？怎样进行当量长度换算？

答：在管路中，不仅沿管长有水头损失，在管路中局部区域，如水流转弯处、流经闸阀以及水流的收缩和扩散等都会产生附加的水头损失。这种在局部部位所产生的水头损失在水力学中叫局部损失水头。它的大小和流速有关，可用下式表示：

$$h_{局损} = \xi \frac{v^2}{2g} \qquad (3\text{-}2\text{-}68)$$

式中：ξ 为局部阻力系数，由试验求得，表 3-2-5 为常用的局部阻力系数值。

表 3-2-5 局部阻力系数值

管件名称	底阀	逆止阀	全开阀门	喇叭形进水口	无喇叭进水口	弯头(90°)	弯头(45°)	扩散管	收缩管	无底阀滤网	拍门	出口损失
ξ 值	5	1.7	0.1	0.2	0.5	0.2	0.1	0.25	0.1	0.25	0.4	1.0

为了计算方便,我们可事先把各种局部损失水头折算成相应直管长度的损失水头,这一长度简称当量长度,即令:

$$h_{局损} = h_{沿损}$$

因此有

$$\xi \frac{v^2}{2g} = f \frac{L}{D} \frac{v^2}{2g}$$

所以可得

$$L = \frac{\xi}{f} D$$

知道了局部阻路系数 ξ、管径 D 和摩阻系数 f 值,即可用上式求出其当量长度 L。然后把此长度加到直管长度中,即可根据计算沿程损失水头公式或有关图表求出管路总损失水头值。表 3-2-6 列出了某些管件的当量长度值,可供查用。

表 3-2-6 各种管件局部损失水头折合直管长度   (单位:m)

口径(mm)	局部阻力损失种类									
	底阀	逆止阀	闸阀(全开)	喇叭进水口	无喇叭进水口	弯头(90°)	弯头(45°)	扩散管	收缩管	出水口
50	5.3	1.8	0.1	0.2	0.5	0.2	0.1	0.3	0.1	1.0
75	9.2	3.1	0.2	0.4	0.9	0.4	0.2	0.5	0.2	1.8
100	13	4.4	0.3	0.5	1.3	0.5	0.3	0.7	0.3	2.6
125	17.4	5.9	0.4	0.7	1.8	0.7	0.4	0.9	0.4	3.4
150	22.2	7.5	0.5	0.9	2.2	0.9	0.5	1.1	0.5	4.5
200	33	11.3	0.7	1.3	3.3	1.3	0.7	1.7	0.7	6.6
250	44	14.9	0.9	1.8	4.4	1.8	0.9	2.2	0.9	8.8
300	56	19	1.1	2.2	5.6	2.2	1.1	2.8	1.1	11.2
350	64	22	1.3	2.6	6.5	2.6	1.3	3.2	1.3	12.8
400	76	25.8	1.5	3.0	7.6	3.0	1.5	3.8	1.5	15.2
450	88	30.2	1.8	3.5	8.8	3.5	1.8	4.4	1.8	17.6
500	100	34	2.0	4.0	10.0	4.0	2.0	5.0	2.0	20.0

【例】 已知水泵吸水钢管直径为 100 mm,管长 10 m,管路上装有底阀和 90°弯头各一个。当通过流量为 25 L/s 时,求管路的损失水头。

【解】 从表 3-2-6 查得,当 $D = 100$ mm 时,底阀和 90°弯头损失水头折合的当量长度分别为 13 m 和 0.5 m,所以计算损失水头的总管长为

$$L = 10 + (13 + 0.5) = 23.5(m)$$

再从图 3-2-31 查得当 $Q=25$ L/s 时,直径为 100 mm、管长为 100 m 的损失水头为 15 m,所以 23.5 m 长损失水头为

$$h_{损} = 15/100 \times 23.5 = 3.5(\text{m})$$

2-37 问:怎样计算钢管壁厚?

答:在实际中,为水泵选用壁厚多大的钢管,主要取决于管中水压力大小和钢材本身的强度。水压越大,管壁越厚;钢材强度越高,管壁越薄。一般可用下式计算:

$$t_{理} = \frac{pD}{2[\sigma]} \tag{3-2-69}$$

式中:$t_{理}$ 为管壁理论厚度,cm;p、D 分别为管中水压力(kg/cm^2)和管内径(cm);$[\sigma]$ 为钢的允许拉应力,一般取 $[\sigma] = 1\,300$ kg/cm^2。

但上列计算壁厚公式仅考虑了管壁承受的环向拉应力,没有考虑其他应力,如弯曲应力和剪切应力等对管壁厚度的影响。因此,在计算时常将其允许拉应力值降低 25%。如果是焊接钢管,其值还要降低。这时实际应用采用的允许应力值 σ 应为

$$\sigma = 0.75\varphi[\sigma] = 975\varphi$$

式中:φ 为焊缝强度系数,一般采用 $0.1 \sim 1.0$。

如果管中水压 $p(\text{kg/cm}^2)$ 所相应的水头为 h 米水柱高,则 $p = 0.1H$。但在实际中,还要考虑管中出现的水锤压力。当管路上无逆止阀和底阀时,H 值为

$$H_{总} = (1.1 \sim 1.3)H \tag{3-2-70}$$

如果有逆止阀,则

$$H_{总} = (1.5 \sim 2)H \tag{3-2-71}$$

因此,式(3-2-69)可改写成

$$t_{计} = \frac{0.1H_{总}D}{2 \times 975\varphi} \tag{3-2-72}$$

式中:$H_{总}$ 的单位是 m;D 和 $t_{计}$ 的单位是 cm。

由于钢管在使用过程中的锈蚀、磨损以及钢管刚度的要求,还要附加一定的厚度,所以管壁应采用的厚度为

$$t = t_{计} + \delta \tag{3-2-73}$$

式中:δ 为附加壁厚,一般为 $1 \sim 2$ mm,水中含沙量大时为 $2 \sim 4$ mm。

最后实际采用的厚度还应和钢管的标准厚度相应。

选定了管壁厚度后,还要验算其变形稳定性,以防管内形成真空时被外界大气压压扁,条件是

$$t/D \geqslant 1/130 \tag{3-2-74}$$

也就是说,管壁厚度不能小于管径的 1/130。

2-38 问:什么叫管路上的"三阀"? 它们能否取消?

答:所谓的水泵上的"三阀"是指进水管路起端的底阀、出水管路上的逆止阀和闸阀。

底阀是一单向阀门,其主要作用是当水泵启动前灌水时,防止水漏出。这对采用人工灌水的小型离心泵来说是需要装设的。但往往由于底阀关不严漏水,造成水泵启动困难;检修时还要从水底调出,费时费力。另外,底阀水阻力很大,一般占吸水管路损失水头的

60% ~70%。因此,安装有底阀的泵,能耗增大,出水量减小。能否去掉底阀而代之以其他设施实现无底阀启动呢? 目前已有一些办法,主要措施有:

（1）设法抽出进水管和泵中空气,水即可自行引入。一般对小型泵可采用手动式抽气机,对泵进口直径大于350 mm,多采用真空泵抽气。

（2）选用自吸泵。对小型泵或经常要搬动和启动频繁的水泵,可选用自吸式。启动时只要向泵内灌少量的水即可。虽然此型泵效率较低,但启动方便。

（3）在吸水管转弯处加装一段特制的连接管,该管的竖直段高于泵中心线,而水平段适当加粗。这样,在启动前只要把泵和加装的管段之间灌满水。启动后,该部分水被叶轮甩出而形成一定的真空值,吸水管内下部的空气很快被水带走,吸水池中的水即进入吸水管再引入水泵而投入正常运行。这种方法适用于吸程较低(一般小于4 m)、吸水池水位稳定的情况。

（4）当出水管路短,可从出水管口向泵内灌水,边灌水边启动。

（5）把泵下落,使泵在池水位以下自动引水。

（6）对柴油机带动的泵,可利用柴油机排除的废气通过射流器抽出泵中空气引水。

逆止阀是一种单向速闭阀。当水泵正常运行时,其阀舌自动被水流冲开;当水倒流时,阀舌下落迅速关闭,阻止水倒流。逆止阀一般安装在水泵出口附件的出水管路上。因此,当事故断电突然停机时,由于它的迅速关闭从而防止了因倒流而引起的机组高速空转。但安装逆止阀后,不仅增大了水力摩阻,而且由于它的突然关闭管中会产生很大升压,即水锤压力,有时会引起管子爆裂发生事故。因此,早在20世纪50年代初,国内外就有人提出取消逆止阀的建议。当突然停车时,让机组倒转。多年来的实践表明,对扬程较低(一般小于60 m)的中、小型泵站取消逆止阀后,并未因机组高速倒转而发生重大事故。因此,目前趋向于扬程在60 m以下,可考虑不设逆止阀,而在管路出口增设拍门。扬程在60~100 m能否取消,最好是通过论证或现场和室内试验后确定。至于扬程超过100 m的泵站,目前多采用各式缓闭逆止阀或蝶阀以防止倒流倒转。

闸阀一般安装在紧接逆止阀出水侧的压力管路上。它的作用是,在离心泵启动时关闭以减小启动水力阻力矩,停机前,先关闭该阀以防水的倒流或产生水锤压力。由于闸阀部分开启时水头损失较大,有时还会引起水流脉动导致管路振动。因此,一般不用以调节流量。对轴流泵不装闸阀,通常在管出口装设拍门。

2-39 问:管路出口采用拍门断流时应注意什么问题?

答:拍门实际上是安装在管路出口处的逆止阀,开机时拍门被水冲开,停机时靠自重和倒泄水流的作用自动关闭,截断池水倒流。拍门顶部用铰链和门座相联;拍门和门座之间用橡胶止水,如图3-2-35所示。当管路较短时,它可取代逆止阀和闸阀,并由于结构简单,造价低廉,水力损失也较小,所以使用较广。但对长输水管路,如仅用拍门断流,管中水量仍将倒流引起机组反转。另外,由于拍门是靠水流冲力开启的,当流速较小时,拍门开启角度小,增大了水力阻力。据有关试验,当拍门开度为45°~60°时,水泵效率可降低3%~5%。除此,当拍门关闭时,倒流流速如果较大,就会产生很大冲击力,易损坏拍门并影响管路安全。为了克服上述缺点,在拍门运用中应注意下述问题:

（1）水泵运行时,应尽量加大拍门的开启角度,减小水力阻力。因此,拍门不应过重,或加设平衡锤把拍门提起(见图 3-2-35)。但拍门如果过轻或平衡锤过重又会延迟拍门关闭时间,导致关闭时的冲击力过大。所以,拍门重量和平衡锤重应调配适当。

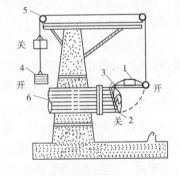

1—拍门;2—门座;3—铰链轴;

4—平衡锤;5—滑轮;6—管路

图 3-2-35　拍门安装示意图

(2)拍门应在水开始倒流以前的时段内关闭,以减小冲击力。对转动惯量大的机组和管路较长时,由于停机后水泵工况延时较长,对减小拍门下拍的冲击力是有利的。

(3)为减小拍门关闭时的冲击力,设置缓冲装置。例如在门座或拍门上加橡胶缓冲圈,对大型拍门可设置油压缓冲机构等。

(4)停机时,为使拍门和门座结合严密,防止漏水,门座应有一定的倾角,一般为 6°~15°,多采用 10°。

(5)当管路较长时,拍门后应设通气孔,以防门后管内形成真空(负压)把管子压扁。孔径可为 $(1/5 \sim 1/6)D$(D 是管口直径)。

2-40 问:虹吸式出流有什么特点? 停泵后怎样防止池水倒流?

答:虹吸式出流是把出水管的出口段做成虹吸管式的。虹吸管越过池前顶部再淹没在池中水面以下,如图 3-2-36 所示。对中小型泵站多采用等径圆形断面的虹吸管,出水管段向下,对大型泵站虹吸段常采用变断面和矩形水平出口。这种出流方式既能避免自由出流(俗称高射炮式)扬程的浪费,管路又不需要穿过出水池的挡水胸墙,防止了因管子穿墙接合不好而漏水。这点对向江湖排水的泵站显得更为有利,因出水管可以从堤顶而过,可免于穿越堤身而影响堤防安全。

另外,这种出流方式必须有破坏虹吸真空的设施。否则停机后由于虹吸作用,出水池中的水将形成倒泄,引起机组倒转。因此,应设法通入空气,防止倒流。这样就可省去安装逆止阀或出口拍门。特别是对泥沙含量大的泵站,停机后出口拍门往往被出水池沉沙堵死,开启困难,给运行工作带来不便。采用虹吸式出流可避免这种缺点。但这种出流方式,加长了出水流道,并要增加一虹吸弯管,除此还需要设置破坏虹吸真空的设备。因此,只在低扬程大型泵站中采用较多。对中小型泵站,只有采用简单可靠的破坏真空设施,才便于推广采用。目前破坏虹吸真空的方法较多,可分水力式和机械式两大类,常用的简便方法有以下几种:

(1)通气管法(参看图 3-2-36)。它属于水力式的一种,其结构最为简单,即在虹吸管的上升段相应于出水池最低水位高程处装一通气管。当水泵正常运行时,该处为正压,通气管中有水,空气无法通入;但当停机时,由于水在重力作用下迅速下泄,该处形成真空,空气即由此管吸入,破坏了虹吸作用。这种方法适用于池水位变化不大的情况。它简单易行又无水力摩阻。据试验,通气管的断面面积可为出水管面积的 5%~8%。为增加通气效果,通气管下部可制成扁平的。

(2)水动挡板法。它属于机械式的,如图 3-2-37 所示,挡板 1 插入虹吸管顶部,水流冲动挡板,带动连于其上的杠杆 2,使杠杆绕支承座 3 的枢轴转动,从而带动端部安有阀盖 4 的滑动轴 5 移动。水泵启动时,阀盖处于开启位置,以便排除空管中空气,当水升至顶部时,冲动挡板,阀盖关闭。当水倒流时反向冲动挡板阀盖开启,通入空气。这种方法,工作可靠,动作灵敏,但结构较复杂,水力阻力较大。图 3-2-38 为国外采用的一种水动挡板式真空破坏阀,结构较简单,可供参考。

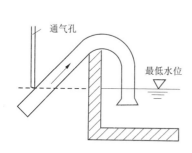

图 3-2-36 虹吸式出流示意图

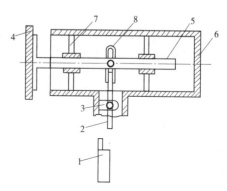

1—挡板;2—杠杆;3—支承座;4—阀盖;
5—滑动轴;6—阀筒;7—支承架;8—活动拔叉

图 3-2-37 水动挡板真空破坏阀示意图

(3)真空破坏阀。图 3-2-39 是其中结构较简单的一种。当停机时,管中出现较大的真空,阀门在大气压作用下打开通入空气,其工作可靠,动作灵敏,多用于大、中型泵站。

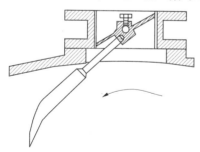

图 3-2-38 水动挡板真空玻璃
破坏阀另一类型(关闭状态)

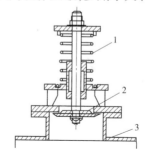

1—弹簧;2—阀门;3—主管道

图 3-2-39 真空破坏阀结构示意图

2-41 问:所谓"高射炮式"出流为什么会浪费电能?

答:所谓"高射炮"式出流,是指水泵出水管路的出水口在出水池水面以上自由喷射出流,因此也叫自由出流式。这种出流方式由于把水射入空中再落下来,不仅不利于出水池和渠道的维护,而且抬高了出水口,实质上提高了水泵的扬程。从水泵的特性曲线可知,扬程高,水泵的流量就小,为了抽取同样的水量,就得延长开机时间,增加了电能消耗。从出水池水面到管出口这段超高 Δh 就是一种水头损失,此超高所耗的电能也就白白地浪费掉了。可见为了增大出水量,避免电能的耗费,一定要把管路出水口淹没在出水池水面以下。即使是临时性的抽水,也应将出水口插入出水池中或紧贴出水池水面。那么"高射炮"式出流到底能浪费多少电能呢? 显然,出口架得越高损失水头越大,浪费电能越多。现举例说明如下:

【例】今有一井泵,其流量 $Q = 0.015\ 6\ \text{m}^3/\text{s}$,出水管口高于出水池水面 1 m(即 $\Delta h = 1$ m),每年运行 2 000 h,每度电按 6 分计算,问一年内浪费电量是多少? 如果该地区有 1 000 台这种"高射炮"式出流型式,问一年内共浪费电量、资金各是多少?

【解】浪费的功率可根据下式计算:

$$N = \frac{\gamma Q \Delta h}{102 \eta_{装}} \quad (\text{kW})$$

已知: $\gamma = 1\ 000\ \text{kg/m}^3$, $Q = 0.015\ 6\ \text{m}^3/\text{s}$, $\Delta h = 1$ m;假定装置效率 $\eta_{装} = 50\%$。将上列各值代入上式中得

$$N = \frac{1\ 000 \times 0.015\ 6 \times 1}{102 \times 0.5} = 0.306 \quad (\text{kW})$$

耗损的电量 E 等于浪费功率乘以运行小时数,所以一年内每台水泵浪费的电量是: $E = N \cdot T = 0.306 \times 2\ 000 = 612$(度),对 1 000 台这样的泵,一年内损耗的总电量为 $612 \times 1\ 000 = 612\ 000$(度),所以一年内共浪费的资金为 $612\ 000 \times 0.06 = 36\ 720$(元)。

2-42 问:管路上为什么要设伸缩节? 应设在什么位置? 其伸缩量应怎样计算?

答:露天铺设的管路,由于气温的变化,管子热胀冷缩,因此管路将沿其长度方向(纵向)产生伸缩。如果固定在两镇墩间较长的管段中没有自由伸缩端,管路本身将因温度变化而承受挤压或拉伸,可能导致镇墩的位移,影响管路安全。为消除由于这种温度变化而引起管路的拉应力,应该在两镇墩之间的管路设置能自由伸缩的结头,即伸缩节。对钢管一般多采用筒式单向伸缩节,如图 3-2-40 所示;对水泥压力管多采用套筒式双向伸缩节,如图 3-2-41 所示。

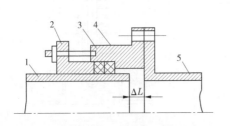

1—套筒;2—压盖;3—填料;
4—填料箱;5—管子

图 3-2-40　筒式单向伸缩节

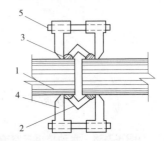

1—管路;2—套管;3—橡皮圈;
4—法兰盘;5—螺钉

图 3-2-41　套筒式双向伸缩节

一般每两个镇墩之间设一个伸缩节。筒式单向伸缩节应设在靠近镇墩出处;套筒式双向伸缩节可设置在管段中部。对采用橡胶圈密封的承插式水泥压力管路中,因橡胶圈有一定的弹性,可承受管路温度应力,所以可不设伸缩节。另外对大中型水泵,在泵的出口附近管路上也应设置一个伸缩节,以免作用在管路上的力传给泵使其位移。

下面简要说明有关伸缩量的计算问题:

设管路安装时的气温为 t_2,管长为 L_2。如当地可能出现的最高气温和最低气温分别是 t_3 和 t_1,则当地气温由 t_2 升至 t_3 时管子的伸长量为

$$\Delta L_3 = \alpha(t_3 - t_2)L_2 \tag{3-2-75}$$

式中:α 为线膨胀系数,对钢材 $\alpha=0.000\,011$(1/度);L_2 为安装管路时温度为 t_2 时的管长。

伸长量 ΔL_3,实际上是安装伸缩节时在套筒和管端之间应预留的最小距离(见图 3-2-40)。

当温度由 t_2 降至 t_1 时,管子的收缩量为

$$\Delta L_1 = \alpha(t_2 - t_1)L_2 \qquad (3\text{-}2\text{-}76)$$

所以,当温度由 t_1 升至 t_3 时总的伸长量为

$$\Delta L = \Delta L_1 + \Delta L_3 = \alpha(t_3 - t_1)L_2 \qquad (3\text{-}2\text{-}77)$$

即伸缩节沿管长最大活动量应大于 ΔL。现举一例说明如下。

【例】 某泵站,两镇墩间的管长为 100 m,设置伸缩节一个,已知该地区气温为 -10 ~ +40 ℃,安装时气温为 20 ℃,求安装时伸缩节应预留的距离及其最大伸缩活动量。

【解】 根据式(3-2-75)求得

$$\Delta L_3 = 0.000\,011 \times (40 - 20) \times 100 \times 1\,000 = 22(\text{mm})$$

即安装时预留的距离至少为 22 mm。又根据式(3-2-77)得

$$\Delta L = 0.000\,011 \times [40 - (-10)] \times 100 \times 1\,000 = 55(\text{mm})$$

即伸缩节的伸缩量应大于或等于 55 mm。

2-43 问:管路为什么会发生振动? 什么情况下才会引起管路共振? 应怎样防止?

答:引起管路振动的因素很多。但对水泵站的出水管路的振动,主要是由于机组振动或管中水流脉动而引起的。因此,要防止管路振动,首先必须消除或减弱机组的振动和水流的脉动,另外对管壁薄、跨度大的管路也易引起幅值较大的振动。

什么是共振? 我们知道,每种物体都有它固有自振频率,当外部振源的频率和该物体固有自振频率相吻合时,就会引起该物体产生大幅值的振动,这就是所谓共振现象。在泵站中,机组的振动和水流的脉动对管路来说都属于外界振源,也就是激发管路自振的冲击力源。当这种激振力的频率和管路固有自振频率相等或接近时,就会引起管路共振。这对管路来说是不允许的。因为管路在这种强烈振动压力波的作用下,振幅大,就会使管壁变形;频率高,使管路振动次数增多,管材易于疲劳而引起所谓疲劳破坏,危及管路和站房安全。

实践表明,机组的振动频率通常和机组的转速相同或为转速的整数倍。例如,某台泵的转速为 1 500 r/min,叶轮叶片数为 6 片,其可能出现的振动频率为 $f=1\,500$ r/min = 25 次/s,或 $f=6 \times 25=150$(次/s)。如果管路的固有自振频率也在 25 次/s 或 150 次/s 左右,管路就会出现共振现象。

管路的固有自振频率又是怎样确定的呢? 当然可根据理论公式进行计算,但公式繁杂,误差也较大,一般多采用试验方法测定,即用可变频的激振器,冲击管路迫使其振动,振动波形通过固定在管路上的拾振仪(振动传感器)传至示波仪而被记录在纸带上,当激振力的频率如果接近或等于管子的固有自振频率时,这时纸带上记录的振动频波的振幅就突然增大,说明发生了共振,如图 3-2-42 所示。当激振频率继续增大时,振幅又逐渐减小,但增至某一频率后,再度出现振幅值突增现象,形成第二个共振区,这时的频率是管子的第二固有自振频率。如此可测得管子的第三、第四……只要机组的振动频率和其中任何一个固有自振频率相吻合,都会引起共振现象。

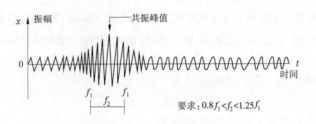

图 3-2-42　管路共振曲线

由上述可见,为了避免发生共振,水泵正常运行时的振动频率或水流脉动频率应和管路的各固有频率错开。一般规定,正常运行时振动频率 f_k 应比共振频率 f 大 25% 或小 20%。例如测得泵正常运行时的 $f_k = 150$ 次/s。

已知管路第二固有振频 $f_2 = 110$ 次/s,问能否满足防振要求?

因为:

$$\Delta f = \frac{f_k - f_2}{f_2} \times 100\% = \frac{150 - 110}{110} \times 100\% = 36.4\% \,(> 25\%)$$

所以满足要求。

防止共振的方法不外是改变机组的转速或改变管路的固有自振频率,如加厚管壁、管身加焊加劲环或增设支墩减小其跨度以提高管路的固有振频。对已成泵站主要采用后者,以防共振发生,对中小型泵站,只要振幅值不超过管径的 1/2 000,对大型泵不超过0.1 mm,一般就无需采取防振的安全措施。

2-44 问:管路水锤是怎么回事? 它有什么危害? 怎样进行水锤压力的估算?

答:当水流在压力管道中流动时,如果把装在管路出水端的闸阀突然关闭,就会看到装在阀前的压力表读数或测压管中的水面急剧上升。阀门关得越快,压力上升得越高。这是什么原因呢? 这种现象可根据物理学中的牛顿第二定律加以说明。我们先假定管中水流为刚体,就像钢铁一样几乎是不可压缩的。最初管中水流以流速 v 流动,它的质量是 m,如果在 t 内把闸阀关闭,即管中全部水体的流速都由 v 变为零。这时水体的加速,即单位时间内速度的变化为 $a = (v - 0)/t = v/t$。由此加速度而产生的对闸阀的冲击力为 $F = ma = mv/t$。同时,阀门对水也形成一个大小相等的反力而使水压升高。从上述公式明显看出,t 值越小(即阀门关闭的越快),F 值越大。当 t 趋近于零时,F 趋近于无穷大。这就是闸阀突然关闭引起水压剧增的原因。可见,为保证管路安全,必须对闸阀关闭的时间进行控制。

事实上,水可视为弹性体,它像弹簧一样可以压缩和伸张。因此,当闸阀关闭时,由于水有压缩性,全管的水不可能同时停止流动,而是紧邻阀门的一段水层首先停下来(即该段水体的流速由 v 变为零),压力升高,同时该段管壁也受水压而膨胀,水体受到压缩,后面的水层又流入填充,就这样全部水体一层一层地逐次停止流动,直至管路的进水口。这一增压的传播像波浪一样,以某一速度(一般约为 1 000 m/s)从阀门处传至管路的进水口,因此叫作增压水锤波,其传播速度称为水锤波速。这时全管的水暂时处于压力升高的压缩状态。但由于水像弹簧一样,受压后还会回弹,即水从管路进水口起一层一层地回流,因而管中增压逐次消失,管壁恢复原状。当紧靠阀门一层水体回弹而增压消失时,水

· 122 ·

体在惯性作用下继续回弹,但因阀门全闭无水补充,导致该段水层受到拉伸,密度减小,因而压力降低,管壁收缩,形成一个所谓增压水锤波传向管路进水口,如此循环交替,不断振荡。阀门处的这种间断性的压力升降,对管路就会产生间断性的冲击力,有如锤击一样,所以叫水锤。如果我们在夜深人静时猛开自来水龙头,然后迅速关闭,就会清楚地听到水流锤击管子的"当当"声。

对泵站的出水管路,当水泵突然失去动力时,由于惯性,机组不会马上停止转动,管中水流也将沿原来方向继续流动。这时管路上如装有逆止阀,阀舌也不会立刻关闭,但阀门处的压力迅速下降。当机组和水流惯性消失,在重力作用下水开始倒流,逆止阀突然关闭,阀的出水侧压力剧增形成增压水锤,往往打断阀轴,击破阀体,甚至使管路爆裂造成重大事故,因此必须采取防止水锤的有效措施,以保证泵站安全运行。当管路上无逆止阀时,失去动力后机组倒转,这时增压水锤 $\Delta h_{停机}$ 为

$$\Delta h_{停机} = (0.1 \sim 0.3) H \qquad (3\text{-}2\text{-}78)$$

式中:H 为水泵扬程,m,但倒转速度较大,可达正常转速的 $1.1 \sim 1.4$ 倍。

另外,关于无逆止阀突然断电的水力过渡有关参数,还可采用一般常用的泊马金图解法确定。

当管路上安有逆止阀时,如果阀舌在水开始倒流以前关闭,其水锤压力升高值就等于停机后的起始压力降低值,此值约为

$$\Delta h_{停机} = (0.4 \sim 0.6) H \qquad (3\text{-}2\text{-}79)$$

当逆止阀在水流倒流后关闭,则水锤升压值除因上述增压波而产生的水锤 $\Delta h_{停机}$ 外,还应加上由于截断反向流速而引起的关阀水锤升压值。此增压值可根据茹柯夫斯基公式计算,即

$$\Delta h_{关阀} = \frac{c}{g} v_{反} \qquad (3\text{-}2\text{-}80)$$

式中:c 为水锤波速,作为初步计算可采用 $c = 1\,000$ m/s;$v_{反}$ 为逆止阀关闭时反向(倒流)流速,其值可用下式估算:

$$v_{反} = \sqrt{gD \frac{\Delta h_{停机}}{L} \sin\alpha}$$

式中:D 为逆止阀舌直径,m;$\Delta h_{停机}$ 为停机后由于反回的增压波而引起的升压水锤(可从式(3-2-79)求出);L 为管路长度,m;α 为水开始倒流时阀舌残留开启角度,$\alpha \approx 5° \sim 8°$(阀舌较重时,$\alpha$ 值较小)。这时,逆止阀处的总增压水锤是

$$\Delta h_{水锤} = \Delta h_{停机} + \Delta h_{关阀} \qquad (3\text{-}2\text{-}81)$$

一般 $\Delta h_{水锤}$ 值可达 $(1 \sim 2) H$,甚至更大。

2-45 问:综述预防泵站水锤的措施。

答:预防泵站管路水锤最简单的方法就是增大管壁厚度,即在确定管壁厚度时把水锤压力考虑在内。这样求出的管壁较厚,浪费管材,一般来说是不够经济的。另一种方法就是取消逆止阀,当事故停机时让水倒流,机组倒转。这时的增压水锤值只有水泵扬程的

10% ~ 30%,因此对扬程较低(小于60 m)的小型泵站应首先考虑这种措施。另外,逆止阀的水力阻力较大,取消后还可增大出水量或减小能耗。但对高扬程大中型泵站,一般多采用分快慢两阶段关闭的缓闭阀代替单向速闭逆止阀。此外,对中小型泵站还可采用下述一些简易防护措施。

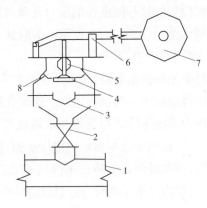

1—主管道;2—闸阀;3—分水锥;
4—阀板;5—排水口;6—横销;
7—重锤;8—密合圈

图 3-2-43　下开式水锤消除器

1. 简易式水锤消除器

图 3-2-43 是一种结构简单的下开式水锤消除器,把它安装在水泵出口附近逆止阀出水侧的管路上,当水泵正常工作时,管路工作压力作用在阀板 4 上的上托力,大于阀体自重和重锤 7 对阀杆的下压力,阀板和密合圈 8 相密合,消除器处于关闭状态。一旦事故突然断电,管内压力下降,托住阀板的上托力减小。由于重锤产生的下压力,阀板迅速下落在分水锥 3 内,水锤消除器打开。当回冲水流到达消除器时,可从其排水口 5 放出一部分水量,从而减少了增压水锤。这种水锤消除器动作可靠,开启迅速,在使用中只要注意加强维护,效果较好。

2. 安全爆破膜片

在逆止阀出水侧管路上装一支管,在其端部用一薄金属片密封。当管中增压超过预定值时,膜片破裂,放出部分水流降低管内压力,从而保证了管路安全。这种防护措施就像在电路上装保险丝一样,简单易行,拆装方便,工作可靠。但由于爆破压力受膜片材质、尺寸及固定方式等因素的影响,因此其爆破压力一般要通过试验加以确定。膜片材料可采用铝板、紫钢片、镀锌铁皮等塑性材料。铸铁板虽然取材方便,破碎面积大,泄水量较多,降压效果较好,但其材质性能很不稳定,爆破压力变幅大,有时不够安全可靠。

塑性膜片的爆破压力 p 最大可用下式计算:

$$p_{最大} = 2.56\sigma_s \frac{t_0}{D} \quad (\text{kg/cm}^2) \tag{3-2-82}$$

式中:σ_s 为膜片的极限拉应力,kg/cm^2;t_0、D 分别为膜片厚度和直径,cm。

对牌号为 L2M、L3M 标准工业铝板,根据试验,当膜片拉裂时,其爆破压力为

$$p_{最大} = 2\,000 \frac{t_0}{D^{0.9}} \quad (\text{kg/cm}^2) \tag{3-2-83}$$

上式中膜片直径 D 和厚度 t_0 的单位是 cm。爆破膜片可作为高扬程小型泵站的水锤保护措施,对大型泵站可作为备用保护措施。

3. 设置空气室

在紧接逆止阀出水侧的管道上,安装一个钢制密闭圆筒,上部为压缩空气,下部存水并和管路压力水流相通。当管路压力降低时,上部压缩空气把室内存水压入管路中;当管

中增压时,水又进入室内将空气压缩,减缓了对逆止阀舌的冲击,因而能使增压降低。近年来也有把压缩气体充入置于钢制圆筒中的橡胶囊内,这样室内气体不易被水流带走,因此空气室的容积可减小。对小型泵,可在筒内装一个弹性管,当水压升高时,弹性管膨胀,管外气体(或弹性体)被压缩,从而减弱了水锤压力。

4.设置连通管

在逆止阀两端安装连通管,正常运行时旁通管也过水。突然失电后水倒流时,逆止阀关闭,从旁通管泄回部分水流,以减弱增压水锤。为避免正常运行时因旁通管过水而增大水力阻力,可在旁通管上加装一个和管路逆止阀开向相反的逆止阀,截断正向水流。据试验,这种减弱水锤措施,不仅简单易行,而且效果较好。在旁通管截面面积只有主管面积的4%情况下,水锤压力可降低20%左右。

近些年来,我国很多单位试制了各种简易的缓闭式逆止阀,目前已经处于应用和完善阶段。

2-46 问:水泵进水池中为什么会出现漩涡?应怎样防止?

答:漩涡是水流中常见的一种水力现象。当前池来水比较紊乱,抽水不对称以及水受进水池胸墙的顶托等都会在出水池中形成的回流和对流,因而引起漩涡的出现。特别是在水池拐角处和进水管后部水域中易生成水面凹陷的漩涡。这种漩涡由于受进水管吸水的影响,逐渐向管周边的水域表面游动,旋转速度也随之加大,导致漩涡区的压力进一步降低,在水面大气压作用下,凹陷也逐渐向下延伸,但随着凹陷的加深,四周水流对其作用的侧压力也随之增大,所以漩涡随水深的增加而变成漏斗状。当空漏斗的尾部管靠近进水管口时,在进水的吸力下,会出现向进水管连续进气现象。情况严重时,甚至会形成从水面一直通向进水管内的、连续进气的管状漩涡,如图3-2-44所示。此外,如果进水池水面以下或底部水流紊乱形成对流时,还会生成向进水口延伸的不带空气的附壁式空穴漩涡。漩涡的生成对水泵的运行极为不利。试验表明:当水中混入1%的空气时,水泵效率要降低5%~15%;当混入10%时,水泵就不能工作了。另外,漩涡还要消耗大量的能量,导

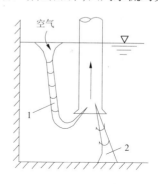

1—进气管状漩涡;2—底部空穴漩涡

图3-2-44　漩涡示意图

致进水管口水力阻力增大;同时混入水中的空气沿流程随抽水系统中的压力变化而压缩、膨胀,引起水流脉动加剧,甚至会导致机组和管路强烈振动及噪声。

可见防止进水池中漩涡的生成对保证水泵正常运行时重要性。采取的主要措施有以下几项:

(1)正确确定水泵进水管口的临界(即最小)淹没深度。因为当水泵流量一定时,淹没深度越小,池中表层水流速度越大,就越容易产生进气漩涡。所谓临界淹没深度,是指池中开始出现向进水管断续进气时,管口淹没在水池水面以下的深度。它和很多因素有

关,主要决定于管口流速(或流量)和进水管在池中的位置。对进水管垂直段管口向下的离心泵,其淹没深度可根据下列经验公式计算:

$$h_s = 1.28 \frac{v^2}{2g} + 0.42T + 0.48D \qquad (3\text{-}2\text{-}84)$$

式中:h_s 为临界淹没深度,m;v 为进水管口断面平均流速,m/s;T 为进水管口后边缘至水池后墙的距离,m,见图3-2-46;D 为进水管口直径,m。

作为近似计算,对中小型水泵进水池可采用

$$h_s = (1.4 \sim 1.6)D \qquad (3\text{-}2\text{-}85)$$

对进水管为水平、管口朝前的离心泵,其淹没深度可采用下列经验公式计算:

$$h_s = (0.827\lg v + 1.33)D \qquad (3\text{-}2\text{-}86)$$

式中:h_s 为管口上缘到池中水面的垂直距离。

对大型离心泵、混流泵和轴流泵,其淹没深度一般应根据产品说明书规定值确定,或用下式进行估算:

$$h_s = 2.5Q \quad (\text{m}) \qquad (3\text{-}2\text{-}87)$$

式中:Q 为水泵流量,m^3/s。

(2)在池中设置盖板、隔板或导水锥等,均能起到良好的防漩涡效果,如图3-2-45所示。

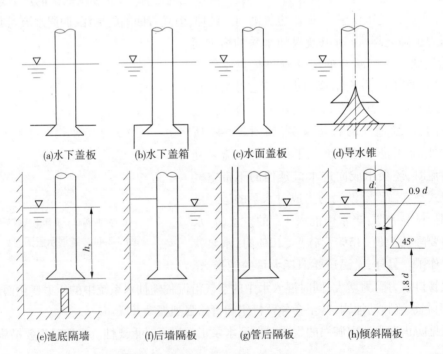

(a)水下盖板　(b)水下盖箱　(c)水面盖板　(d)导水锥

(e)池底隔墙　(f)后墙隔板　(g)管后隔板　(h)倾斜隔板

图 3-2-45　进水池各种防漩涡措施示意图

(3)合理确定水池边壁型式和管口位置。为防止池中生成漩涡,最好采用多边形或半圆形的边壁。圆形进水池虽然在结构上比较合理,但实践表明,池中易出现漩涡。另外,吸水管口尽量靠近池后墙,对消除漩涡也有一定的效果。再者,管口距池底的距离(即悬空高 P,见图 3-2-46)不应过大,否则不仅增加了工程量,而且还会在管口处(特别是对轴流泵)形成单侧进水,降低水泵效率。根据理论分析和试验研究表明,最优悬空高度 P 应为悬空高度的最大值,一般不要超过一倍的进水管口直径。

$$P = (0.6 \sim 0.8)D \tag{3-2-88}$$

式中:D 为进水管口直径,m。

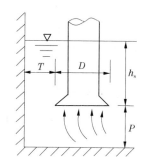

图 3-2-46 进水口的悬空高和后墙距示意图

参考文献

[1] 栾鸿儒.水泵及水泵站[M].北京:中国水利水电出版社,2007.

[2] 李琪.大型泵站更新改造关键技术研究[M].北京:中国水利水电出版社,2011.

[3] 陆林广.高性能大型低扬程泵装置优化水利设计[M].北京:中国水利水电出版社,2013.

[4] 郭连生,刘攀.梯级水库群洪水资源调控与经济运行[M].北京:中国水利水电出版社,2012.

[5] 中国灌溉排水发展中心.泵站更新改造实用指南[M].北京:中国水利水电出版社,2009.

[6] 刘家春,杨志鹏,等.水泵运行原理与泵站管理[M].北京:中国水利水电出版社,2008.

[7] 吴建华,赵海生,孙东永,等.山西省海鑫集团供水工程泵系统压力管路安全防护措施研究[J].科学之友,2011(1).

[8] 吴建华,李斌.调速技术在供水泵站中的应用[J].科学之友,2006(2):5-6.

[9] 吴建华,魏茹生,赵海生,等.缓闭式蝶阀消除水锤效果仿真及试验研究[J].系统仿真学报,2008(3):586-589.

[10] 吴建华,董普侠.浅谈水泵选型[J].科学之友(B版),2008(4).

[11] 吴建华,王俊武.高扬程泵出口水流动力切断的过渡过程计算[J].农业机械学报,2004(4):70-73.

[12] 吴建华,李力,吴圹山,等.双层辉光离子渗对灰铸铁耐磨耐蚀性能的影响[J].农业机械学报,1999(4):99-104.

后 记

只凭作者是无法完成这本书的。虽然我们从事供水系统的规划设计及科学研究多年,但仍感才疏学浅,难以胜任,好在一批学有所长、志同道合的年轻学者、专家给了我们智慧和勇气,使我们完成了这项不算轻松的工作,令我倍感欣慰。因此,这本书从手稿到最后的成书蕴含了许多直接或间接的努力。

在城市给水排水、水利水电的许多人士为我们提供了大量有价值的信息、经验和支持。这些人虽难以尽述,但我们要感谢其中的每一个人,是他们才使本书终于与读者见面了。

作为教育工作者,凡事都要脚踏实地的去做,不弛于空想,不骛于虚声,而唯以求实求真的态度去实干,以无私无畏的精神去奉献,以超前脱俗的意识精神去创新,以严谨求精的作风去努力,才能体现效率、效果、效益的真正意义。

虽备尝艰辛,但乐此不疲,因为我们坚信:为同行提供一方求真务实的交流阵地,为后人留下一块不易分化的铺路基石。这种奉献是最美好的。

最后还要感谢我们团队研究生曹广学、沈金娟、曹磊、黄伟、董亮、闫宇翔、张泽宇、景浩、成一雄、刘彩花、牛月、苏亮渊、李鹏犇、贾亚杰、孟弯弯、张玉胜、刘慧如、孙毅、杨德明、刘亚明、高洁、刘春烨、褚志超、李娜、郭伟奇等的辛勤付出,因为有了他们的付出才有这本书的出版。在此祝愿他们的生活、学习、工作更上一层楼!

吴建华

2016 年 6 月于山西省太原市